Hidroeléctrica

Marítima

Energía Renovable

AUTOR: MANUEL FALQUE ARMADA

DEDICATORIA

Dedico este libro al principal protagonista; sin él este sistema nunca habría sido posible que yo lo pudiera ver, esa persona es mi padre, el Capitán de marina pesquera D. Joaquín Falque Bedos.

A mi familia, por soportarme cada día la charla, las inquietudes, la ansiedad de poderlo ver algún día realizado y ver cómo mi sistema abastece electricidad a todo el mundo.

A mi esposa Laura Elena Levy Ros por animarme a que patentara mi sistema.

N° Acta: 34.898 N° Patente internacional: E02B3/00

Fecha de inscripción: 10 JUL 2013

Presentación en Uruguay:

Web:
http://www.dnpi.gub.uy/documents/49896/0/Bolet%C3%ADn%20de%20la%20Propiedad%20Industrial%20N%C2%B0%20174?version=1.0&t=1396271934000

Página: 148

Fecha publicación: 31 MAR 2014

N° 174

A mi hijo Rubén Falque Agudo por tenerlo en secreto todo este tiempo y soportarme durante más de veinte años buscando temas relacionados con la hidroeléctrica marítima sin resultados, pero sin aflojar cada día la búsqueda.

A todos los amigos que de una forma u otra me han animado a seguir adelante.

Son muchos para mencionar, por lo tanto y respetando al resto, solo mencionaré en representación de todos a dos: Dardo Espinosa y Mary Noel González

CONTENIDO

Tabla de contenido

AGRADECIMIENTOS

Agradezco a mi padre por darme todos los valores de la observación, la tenacidad, la terquedad sobre lo que deseo y no dejarme convencer por lo que digan los demás sin pruebas, sin argumentos sólidos y dar los argumentos de mis observaciones para poder convencer al resto.

Agradezco las enseñanzas que me ha dado sobre la vida y le pido disculpas por no haberlas comprendido mucho mejor cuando era adolescente.

"La naturaleza es sencilla y quiere la sencillez; el ser humano es el único ser vivo que complica la vida con sus inventos complicados, llenos de fórmulas matemáticas, algoritmos y ciencias abstractas".

CAPITULO 1

Hidroeléctrica Marítima

Para comenzar tengo que explicar lo que es la hidroeléctrica marítima, pero sería mostrar el final de un libro o comunicar a otro el final de una película, por lo tanto, lo que voy a hacer es decirles que la hidroeléctrica marítima es el medio de la obtención de la fuerza hidráulica inagotable convertida en electricidad.

Por el momento vamos a hacer un viaje al pasado, pero de forma muy personal, tal y como me lo imagino. No tiene patente y nadie reclama su invención, sin embargo la noria ha sido uno de los **ingenios hidráulicos** que ha hecho que la vida de mucha gente sea mejor a lo largo y ancho de todo el mundo durante siglos. La noria de agua. Porque esas eran las primeras norias que con el tiempo han dado lugar a las **grandes ruedas**, habituales en ferias y fiestas populares, y algunas de las partes del paisaje inconfundible de muchas ciudades.

El artilugio no reviste gran complicación: dos ruedas de madera dispuestas en engranaje de tal manera que al accionar el conjunto permiten **elevar agua** hasta la superficie por medio de unos recipientes conocidos como cangilones.

Su nombre, tal y como ha llegado hasta nosotros, procede de la palabra **Na'ura**, que significa «la que llora, la que gime». El batir constante del agua sobre las paletas produce el **característico sonido** de las norias de agua que finalmente le ha dado ese nombre.

El origen árabe del nombre hace pensar, en un primer momento, que se sea precisamente el origen de la noria. Ellos fueron los **máximos impulsores** de este invento, pero sus raíces se encuentran, con casi total seguridad, en culturas anteriores.

Ya en el siglo III antes de Cristo, **Arquímedes** se refería a este invento, ideado para elevar el agua por medio de una rueda movida por la propia corriente acuática. Dos siglos después, el poeta **Lucrecio** y el arquitecto **Vitrubio**, se referían a la existencia de estas ruedas elevadoras en el cauce de los ríos.

El invento fue desarrollado y **mejorado por los romanos**, que tenían como finalidad extraer el agua de las profundidades de las minas. La técnica fue adoptada por los árabes, que introdujeron diversas modificaciones para adaptarlas al exclusivo **uso del riego**.

Con esta finalidad, se les quitó travesaños y se les sustituyó por radios, haciéndolas mucho más ligeras. Se trataba de conseguir que pudiesen ser movidas por caudales menores de agua.

Para transportar agua, para extraerla de las **minas o pozos**, como fuerza motriz por ejemplo, para molinos. La utilidad de las norias ha sido de lo más diverso a lo largo de la historia, y casi siempre con el fin de facilitar diversas tareas. Muchas de estas norias todavía las podemos ver e**n funcionamiento**. En España son muy populares, por ejemplo, en la huerta murciana, o para mover los cada vez más escasos molinos de cereales en diversos puntos de la geografía española.

Las norias, originarias del Oriente Medio, llegaron con la conquista musulmana de la península ibérica. Se utilizaron principalmente para regadíos.

En la cuenca media y baja del río Segura permanecen en activo numerosas norias hidráulicas integradas desde el medievo en la red de riego de la vega segureña. En la lengua tradicional de la Región de Murcia estos mecanismos se conocen popularmente como ruedas o ñoras. Las más populares a lo largo del recorrido son la Noria Grande de Abarán, la Rueda de Alcantarilla, la de La Ñora, las norias Panda y Moquita de la pedanía oriolana de Las Norias y la de Rojales junto al puente de Carlos III.

Las colocaron en los ríos; creo que por pensar que no se podía colocar en las orillas de los mares, si tendrían los adelantos que hoy en día tenemos, los molinos los construirían en los puertos.

La hidráulica es una rama de la mecánica de fluidos y ampliamente presente en la ingeniería que se encarga del estudio de las propiedades mecánicas de los líquidos. Todo esto depende de las fuerzas que se interponen con la masa y a las condiciones a que esté sometido el fluido, relacionadas con la viscosidad de este.

La palabra hidráulica proviene del griego ὑδραυλικός (hydraulikós) que, a su vez, viene de «tubo de agua», palabra compuesta por ὕδωρ (agua) y αὐλός (tubo).

Las civilizaciones más antiguas se desarrollaron a lo largo de los ríos más importantes de la Tierra, La experiencia y la intuición guiaron a estas comunidades en la solución de los problemas relacionados con las numerosas obras hidráulicas necesarias para la defensa ribereña, el drenaje de zonas pantanosas, el uso de los recursos hídricos, la navegación.

En las civilizaciones de la antigüedad, estos conocimientos se convirtieron en privilegio de una casta sacerdotal. En el antiguo Egipto los sacerdotes se transmitían, de generación en generación, las observaciones y registros, mantenidos en secreto, respecto a las inundaciones del río, y estaban en condiciones, con base en éstos, de hacer previsiones que podrían ser interpretadas fácilmente a través de adivinaciones transmitidas por los dioses. Fue en Egipto donde nació la más antigua de las ciencias exactas, la geometría que, según el historiador griego Heródoto, surgió a raíz de exigencias catastrales relacionadas con las inundaciones del río Nilo.

Con los griegos la ciencia y la técnica pasan por un proceso de desacralización, a pesar de que algunas veces se relegan al terreno de la mitología.

Tales de Mileto, de padre griego y madre fenicia, atribuyeron al agua el origen de todas las cosas. La teoría de Tales de Mileto, al igual que la teoría de los filósofos griegos subsecuentes del período jónico, encontraría una sistematización de sus principios en la física de Aristóteles. Física que, como se sabe, está basada en los cuatro elementos naturales, sobre su ubicación, sobre el movimiento natural, es decir hacia sus respectivas esferas, diferenciado del movimiento violento. La física antigua se basa en el sentido común, es capaz de dar una descripción cualitativa de los principales fenómenos, pero es absolutamente inadecuada para la descripción cuantitativa de los mismos.

Las primeras bases del conocimiento científico cuantitativo se establecieron en el siglo III a. C. en los territorios en los que fue dividido el imperio de Alejandro Magno, y fue Alejandría el epicentro del saber científico. Euclides recogió, en los Elementos, el conocimiento precedente acerca de la geometría. Se trata de una obra única en la que, a partir de pocas definiciones y axiomas, se deducen una infinidad de teoremas. Los Elementos de Euclides constituirán, por más de dos mil años, un modelo de ciencia deductiva de un insuperable rigor lógico. Arquímedes de Siracusa estuvo en contacto epistolar con los científicos de Alejandría.

Arquímedes realizó una gran cantidad de descubrimientos excepcionales. Uno de ellos empezó cuando Hierón II reinaba en Siracusa. Quiso ofrecer a un santuario una corona de oro, en agradecimiento por los éxitos alcanzados. Contrató a un artista con el que pactó el precio de la obra y además le entregó la cantidad de oro requerida para la obra. La corona terminada fue entregada al rey, con la plena satisfacción de éste, y el peso también coincidía con el peso de oro entregado. Un tiempo después, sin embargo, Hierón II tuvo motivos para desconfiar de que el artista lo había engañado sustituyendo una parte del oro con plomo, manteniendo el mismo peso. Indignado por el engaño, pero no encontrando la forma de demostrarlo, solicitó a Arquímedes que estudiara la cuestión. Absorto por la solución de este problema, Arquímedes observó un día, mientras tomaba un baño en una tina, que cuando él se sumergía en el agua, ésta se derramaba hacia el suelo. Esta observación le dio la solución del problema. Saltó fuera de la tina y, emocionado, corrió desnudo a su casa, gritando: "Eureka! Eureka!" (Que, en griego, significa: "¡Lo encontré, lo encontré!").

Arquímedes fue el fundador de la hidrostática, y también el precursor del cálculo diferencial: recuérdese su célebre demostración del volumen de la esfera, y en conjunto con los científicos de Alejandría no desdeñó las aplicaciones a la ingeniería de los descubrimientos científicos, tentando disminuir la brecha entre ciencia y tecnología, típica de la sociedad de la antigüedad clásica, sociedad que, como es bien sabido, estaba basada en la esclavitud.

En el campo de la hidráulica él fue el inventor de la espiral sin fin, la que, al hacerla girar al interior de un cilindro, es usada aún hoy para elevar líquidos.

Lugares en donde se desarrolló

La primera central hidroeléctrica moderna se construyó en 1880 en Northumberland, Gran Bretaña. El renacimiento de la energía hidráulica se produjo por el desarrollo del generador eléctrico, seguido del perfeccionamiento de la turbina hidráulica y debido al aumento de la demanda de electricidad a principios del siglo XX. En 1920 las centrales hidroeléctricas generaban ya una parte importante de la producción total de electricidad. En todo el mundo, este tipo de energía representa aproximadamente la cuarta parte de la producción total de electricidad, y su importancia sigue en aumento. Los países en los que constituye fuente de electricidad más importante son Noruega (99%), Zaire (97%) y Brasil (96%). La central de Itaipú, en el río Paraná, está situada entre Brasil y Paraguay, se inauguró en 1982 y tiene la mayor capacidad generadora del mundo. Como referencia, la presa Grand Coulee, en Estados Unidos, genera unos 6.500 Mw y es una de las más grandes.

En algunos países se han instalado centrales pequeñas, con capacidad para generar entre un kilovatio y un megavatio. En muchas regiones de China, por ejemplo, estas pequeñas presas son la principal fuente de electricidad. Otras naciones en vías de desarrollo están utilizando este sistema con buenos resultados.

Antigua Roma

Los antiguos romanos, que difundieron en todo el Mediterráneo su propio modelo de vida urbana, basaron el bienestar y el buen vivir especialmente en la disponibilidad de abundante cantidad de agua. Se considera que los acueductos suministraban más de un millón de m³ de agua al día a la Roma Imperial, la mayor parte distribuida a viviendas privadas por medio de tubos de plomo. Llegaban a Roma por lo menos una docena de acueductos unidos a una vasta red subterránea.

Para construir el acueducto Claudio se requirieron, por 14 años consecutivos, más de 40 mil carros de tufo por año.

En las provincias romanas los acueductos atravesaron con frecuencia profundos valles, como en Nîmes, donde el "Pont du Gard" de 175 m de longitud tiene una altura máxima de 49 m, y en Segovia, en España, donde el puente-acueducto de 805 m de longitud todavía funciona.

Los romanos excavaron también canales para mejorar el drenaje de los ríos en toda Europa y, menos frecuentemente para la navegación, como es el caso del canal Rin-Mosa de 37 km de longitud. Pero sin duda en este campo la obra prima de la ingeniería del Imperio romano es el drenaje del lago Fucino, a través de una galería de 5,5 km por debajo de la montaña. Esta galería solo fue superada en el 1870 con la galería ferroviaria del Moncenisio. El "Portus Romanus, completamente artificial, se construyó después del de Ostia, en el tiempo de los primeros emperadores romanos. Su bahía interna, hexagonal, tenía una profundidad de 4 a 5 m, un ancho de 800 m, muelle de ladrillo y mortero, y un fondo de bloques de piedra para facilitar su dragado.

La generación de energía

La principal fuente de energía de la antigüedad fue el llamado "molino" griego, constituido por un eje de madera vertical, en cuya parte inferior había una serie de paletas sumergidas en el agua. Este tipo de molino fue usado principalmente para moler los granos, el eje pasaba a través de la máquina inferior y hacía girar la máquina superior, a la cual estaba unida. Molinos de este tipo requerían una corriente veloz, y seguramente se originaron en las regiones colinares del Medio Oriente, a pesar de que Plinio el Viejo atribuye la creación de los molinos de agua para moler granos al norte de Italia. Estos molinos generalmente eran pequeños y más bien lentos, la piedra de moler giraba a la misma velocidad que la rueda, tenían por lo tanto una pequeña capacidad de molienda, y su uso era puramente local. Sin embargo pueden ser considerados los precursores de la turbina hidráulica, y su uso se extendió por más de tres mil años.

El tipo de molino hidráulico con eje horizontal y rueda vertical se comenzó a construir en el siglo I a. C. por el ingeniero militar Marco Vitruvio Polione. Su inspiración puede haber sido la rueda persa o "saqíya", un dispositivo para elevar el agua, que estaba formado por una serie de recipientes dispuestos en la circunferencia de la rueda que se hace girar con fuerza humana o animal. Esta rueda fue usada en Egipto (Siglo IV a. C.). La rueda hidráulica vitruviana, o rueda de tazas, es básicamente una rueda que funciona en el sentido contrario. Diseñada para moler grano, las ruedas estaban conectadas a la máquina móvil por medio de engranajes de madera que daban una reducción de aproximadamente 5:1. Los primeros molinos de este tipo eran del tipo en los que el agua pasa por debajo.

Más tarde se observó que una rueda alimentada desde arriba era más eficiente, al aprovechar también la diferencia de peso entre las tazas llenas y las vacías. Este tipo de rueda, significativamente más eficiente requieren una instalación adicional considerable para asegurar el suministro de agua: generalmente se represaba un curso de agua, de manera a formar un embalse, desde el cual un canal llevaba un flujo regularizado de agua a la rueda.

Este tipo de molino fue una fuente de energía mayor a la que se disponía anteriormente, y no solo revolucionó la molienda de granos, sino que abrió el camino a la mecanización de muchas otras operaciones industriales. Un molino de la época romana del tipo alimentado por debajo, en Venafro, con una rueda de 2 m de diámetro podía moler aproximadamente 180 kg de granos en una hora, lo que corresponde aproximadamente a 3 caballos vapor, en comparación, un molino movido por un asno, o por dos hombres podía apenas moler 4,5 kg de grano por hora.

Desde el siglo IV d. C. en el Imperio romano se instalaron molinos de notables dimensiones. En Barbegal, en las proximidades de Arlés, en el 310, se usaron para moler granos 16 ruedas alimentadas desde arriba, que tenían un diámetro de hasta 2,7 m cada una. Cada una de ellas accionaba, mediante engranajes de madera dos máquinas: La capacidad llegaba a 3 toneladas por hora, suficientes para abastecer la demanda de una población de 80 mil habitantes, la población de Arlés en aquella época no sobrepasaba las 10 mil personas, es por lo tanto claro que abastecía a una vasta zona.

Es sorprendente que el molino de Vitruvio no se popularizara, en el Imperio romano hasta el tercero o cuarto siglo. Siendo disponible en la época los esclavos y otra mano de obra a bajo precio, no había un gran incentivo para promover una actividad que requería la utilización de capital, se dice además que el emperador Vespasiano (69 – 79 d. C.) se habría opuesto al uso de la energía hidráulica porque esta habría provocado la desocupación. Gracias a esto nos da mucho ahorro de energía ya que en la actualidad se está viendo alta contaminación ambiental.

La rueda hidráulica

En la Edad Media, la rueda hidráulica fue ampliamente utilizada en Europa para una gran variedad de usos industriales El Domesday Book, el catastro inglés elaborado en el 1086, por ejemplo reporta 5.624 molinos de agua, todos del tipo vitruviano. Estos molinos fueron usados para accionar aserraderos, molinos de cereales y para minerales, molinos con martillos para trabajar el metal o para batanes, para accionar fuelles de fundiciones y para una variedad de otras aplicaciones. De este modo tuvieron también un papel importante en la redistribución territorial de la actividad industrial.

Otra forma de energía desarrollada en la Edad Media fue el molino de viento. Desarrollado originalmente en Persia en el siglo VII, parece que tuvo su origen en las antiguas ruedas de oraciones accionadas por el viento utilizadas en Asia central. Otra hipótesis plausible pero no demostrada, es la de que el molino de viento se derivaría de las velas de los navíos. Durante el siglo X estos molinos eólicos fueron ampliamente utilizados en Persia, para bombear agua. Los molinos persas estaban constituidos por edificios de dos pisos, en el piso inferior se encontraba una rueda horizontal accionada por 10 a 12 alas adaptadas para captar el viento, conectadas a un eje vertical que transmitía el movimiento a la máquina situada en el piso superior, con una disposición que recuerda los molinos de agua griegos. Los molinos de viento de ejes horizontales se desarrollaron en Europa del norte entorno al siglo XIII.

Producción de energía

El funcionamiento básico consiste en aprovechar la energía cinética del agua almacenada, de modo que accione las turbinas hidráulicas.

Para aprovechar mejor el agua llevada por los ríos, se construyen presas para regular el caudal en función de la época del año. La presa sirve también para aumentar el salto y así mejorar su aprovechamiento.

Disponibilidad: El ciclo del agua lo convierte en un recurso inagotable.

Energía limpia: No emite gases "invernadero", ni provoca lluvia ácida, ni produce emisiones tóxicas.

Energía barata: Sus costes de explotación son bajos, y su mejora tecnológica hace que se aproveche de manera eficiente los recursos hidráulicos disponibles.

Trabaja a temperatura ambiente: No son necesarios sistemas de refrigeración o calderas, que consumen energía y, en muchos casos, contaminan.

Patente Hidroeléctrica Marítima

La patente Hidroeléctrica Marítima está fundamentada en primera instancia en la obtención de energía eléctrica a partir de la fuerza de la caída del agua del mar por medio de caudal forzado, bien sea a una turbina o a una noria; más bien rodillo con palas, la cual se pone a girar por la fuerza del agua en su caída. Tal y como hacían los antiguos árabes, romanos, griegos, yo lo que hago es encauzar el agua del mar por medio de un tubo, cuyo interior está con un material resistente a la salitre, de forma de espiral para evitar las cavitaciones producidas por la caída directa de forma lineal del agua. Con esta espiral lo que conseguimos es que el agua caiga con mayor velocidad y por lo tanto la altura necesaria sea menor. La noria está conectada a un bulón o eje y a este está una rueda dentada que se interconecta por medio de un encadenado a otra rueda dentada más pequeña, de esta forma cada giro de la rueda grande, la rueda pequeña dará cuatro giros, por lo tanto obtenemos mucha más velocidad.

También se puede colocar una turbina con una hélice. Esta hélice se moverá por la fuerza del agua al golpearla produciendo de esta forma la electricidad al girar la hélice.

El aprovechamiento de la energía del mar es total e inagotable

La altura para la caída del agua se realiza en la misma playa o cercano a la línea de playa, de esta forma no precisamos crear diques, represas o arquitecturas costosas, sino que escavamos los metros necesarios, dejando la estructura a nivel de suelo, facilitando de esta forma el mantenimiento de las máquinas.

El caudal del agua entrará por una tubería con una huella elíptica en forma de rosca para facilitar el efecto

Coriolis. El efecto Coriolis aumentará la velocidad de caída del agua, por lo tanto no precisaremos de grandes alturas, sino que con una velocidad superior, precisamos menos altura para hacer girar la turbina.

Podríamos emplear diferentes formas de obtener la energía que andamos buscando, pero la que me parece más productiva y menos costosa es la que muestro a continuación:

Al final del canal forzado tenemos el rolete o rodillo con aspas. Las aspas tendrán una curvatura, esta curvatura provocará un efecto de remolino, el cual dará más velocidad al giro del rolete o rodillo.

En el centro del rolete o rodillo tendrá un eje y se sujetará desde este eje, el cual tendrá unas ruedas dentadas para poder albergar un encadenado. Esta rueda dentada será en proporción 1:4 con la rueda dentada que estará en el eje del rotor o generador, por lo tanto por cada vuelta que gire el plato grande, el plato pequeño dará cuatro vueltas y producirá más electricidad.

Tengo que destacar que la hidroeléctrica marítima acepta diferentes métodos de instalación y se podrían catalogar en dos categorías:

De fondo: Sería la colocación de la casa del rodete, turbina Kaplan, Turbina hélice, Pelton, Francis u EBHM a unos metros sumergida.

En tierra: Sería la colocación del rolete a unos pocos metros de profundidad en la misma playa.

Fases de construcción

Voy a centrarme solo en la construcción del sistema en tierra por ser la más sencilla de realizar y menos costosa.

Fase 1

Excavación de (4m * 4 m* 6m) 96 m3 con retroexcavadora. Este vacío es para alojar la construcción de la casa del rolete, la entrada y la salida del agua. Se debería de emplear 2 días para su terminación.

Fase 2

Construcción de muro de contención con las medidas de (4m * 6m) * 4=96m2 con un grosor de 35 cm. Una base de 4m*4m=16m2 con un grosor de 45 cm todo ello reforzado con armazón de hierro. Periodo de ejecución no superior a 15 días más el tiempo de fraguado. Total 43 días.

En esta construcción se dejaran las aberturas para la colocación del tubo de desagüe en la pared de cara a la mar y de entrada a los 5m. El diámetro será de 35 cm mínimo.

Se podrían colocar raíles para poder desplazar la casa de máquinas cuando suba el nivel de las aguas cuando se produzcan.

Fase 3

Construcción del piso o techo con la abertura para la incorporación de la maquinaria y el encadenado, escaleras para el personal de mantenimiento (Escaleras de caracol) El material a emplear hormigón armado de las mismas medidas que la base y la abertura será superior a las medidas del rodillo colocado en horizontal por ser la mayor medida. El rodillo se podrá introducir con grúa, estará en la parte superior, entre los dos edificios de máquinas. Esta obra se realizará en 33 días contando con el fraguado del hormigón.

Fase 4

Construcción de los dos edificios para las turbinas con las dimensiones (4m *3m)*8*2= 192m2 con paramento doble tabique sobre plataforma de hormigón partiendo desde 1m a partir de la pared inferior. Duración de la obra 15 días.

Fase 5

Instalación del caudal forzado con tubo de 35 cm. Esta instalación se colocará partiendo de la superficie a nivel del agua con un tramo recto de 1 a 2 m, 1 codo de 90° que se instalará en el interior de la nave, tubo recto hasta la entrada de la caja del rodillo o rolete. Se sujetarán con aros reforzados a la pared. Se instalará la tubería de desalojo o desagüe un codo de 90° y un tramo recto hasta la salida en el fondo. Esta obra durará 3 días.

Fase 6

Se instalará toda la maquinaria, conectarán la tubería y se realizarán las pruebas necesarias.
Esta fase tardará 24 días como tiempo límite.
Toda la obra se realizará en 120 días.

Explicación del mecanismo

Siguiendo la trayectoria del agua que entra por la tubería recta, continua por el codo y comienza el descenso por la tubería con la rosca hasta la entrada al rolete o rodillo, cae en las palas curvadas y hace girar al rodillo. El rolete o rodillo está unido al eje o bulón, el cual tiene una rueda dentada en cada lado, en esta, va una cadena que es la que hará girar la rueda dentada sujeta al bulón de los generadores (Entre 2 y 12 generadores dependiendo de la fuerza que consigamos que produzca el rodillo), los generadores al tener la rueda dentada más pequeña que la rueda del rodillo, girará más vueltas y por lo tanto necesitaremos menos altura.

Al entrar el agua en la espiral, por el efecto Coriolis, esta adquiere mayor velocidad que si lo haría de forma lineal y al colocar los generadores en batería podremos producir más electricidad con la misma fuente de agua en menos metros de caída.

Diámetro (m)   0,35

Tirante agua y (m)   0,35

Pendiente (m/m)   5

Rugosidad n manning   0,001

Ángulo 90,000

Área Mojada (m2)   1,364

Perímetro Mojado P (m)   15,750

Radio Hidráulico (m)   0,087

Velocidad (m/s)   434,236

Caudal Q (l/s)   592490,801

Fórmulas

28,648*ACOS(1-TiranteAguam/(Diametrom/2))

(Angulo-SENO(Angulo))*Diametrom^2/8

Angulo*Diametro m/2

AreaMojadam2/PerimetroMojadoPm

(1/Rugosidadn)*RadioHidraulico^0,67*Pendiente^0,5

Velocidadms*AreaMojadam2*1000

Este sistema no afecta al medio ambiente, fauna, flora autóctona, pudiendo afectar al turismo, si elegimos mal la zona en la que se colocaría, pero si lo instalamos en una zona que no afecte a los bañistas, navíos comerciales, o pesqueros. Trabajaría a pocos metros de la playa al mar.

Rentabilidad y efectividad

La hidroeléctrica Marítima tiene una fuerte rentabilidad por ser la hidroeléctrica con menores costos de obra civil y la cantidad de tiempo que estará produciendo electricidad.

Datos reducción consumo fósiles			
Potencia Turbina	180	N° Turbinas	1
Energía entregada anual	1.576.800	Energía Entregada Mes	131.400

Potencia entregar sin consumo fósiles			
Potencia Turbina Mes	131.400	Porcentaje Entregado	197,59%
Potencia entregada	131.400	Producción Fósiles	66.500
KWh Entregados	131.400.000		

Inversión total eliminación de fósiles	
Inversión Turbinas	11.500.000
Inversión Obra fija	3.500.000
Total Inversión	15.000.000

La hidroeléctrica marítima no se ha puesto en marcha en ninguna parte del mundo, pero presumo que su vida útil podría rondar los 50 a 100 años.

Su Ventaja como inversor

La máquina es muy diferente de turbinas imitadas de flujo cruzado referente a su comportamiento de servicio y regulación tal como a curva y nivel de rendimientos.

Los lubricantes no serán admitidos al agua

Los cojinetes no se agarrotarán, p. ej. a causa de una lubricación no suficiente (p. ej. con ejes de acero especial).

Solamente las palas directrices que sean calibradas y perfectas bajo aspectos hidráulicos permiten un servicio sin cavitaciones con rendimientos altos.

Elementos estandarizados son siempre disponibles en el mercado como piezas de recambio

El mantenimiento se limita a un cambio anual de grasa

No se precisa ninguna vigilancia del estado del rodamiento

No es necesario engrasar la cuerda de sebo.

Ningún mantenimiento de la válvula de aireación.

Desmontaje del rodete sin herramientas especiales y sin más requerimientos axiales de espacio.

Ningún empuje axial, resultando así cojinetes más sencillos con pocos requerimientos de mantenimiento.

Servicio sin vibraciones y cavitación.

Efecto auto limpiante, no resultan gastos de servicio debidos por personal de limpieza, ni períodos de paro.

Tiempo corte de montaje.

Producción máxima anual por un registro permanente y una conversión del valor de nivel.

Montaje sencillo del soporte galvanizado del sensor.

Ajustes directamente y sin dispositivos auxiliares al armario.

Componentes industriales de una vida larga, no hay elementos electrónicos con una vida limitada.

Energía mínima de accionamiento por la utilización de un almacenaje de presión.

No hay obras civiles exigentes, se precisan superficies llanos solamente.

Rendimiento

El rendimiento total medio de las turbinas se calcula para potencias pequeñas con un 80% para todo el campo de trabajo. Estos rendimientos son generalmente superados en la práctica. Para las unidades medianas y grandes del programa de fabricación se han medido rendimientos de hasta un 86%.

De la línea característica de rendimiento de cada turbina depende si durante ese tiempo se sigue produciendo energía eléctrica. En las centrales fluviales con caudales irregulares, las turbinas con un elevado rendimiento máximo, pero con un comportamiento menos favorable bajo carga parcial, alcanzan una potencia anual inferior a la obtenida, con turbinas cuya curva de rendimiento aparece más aplanada.

Distribuidor

En la turbina dividida, la entrada del agua propulsora se gobierna por medio de dos palas directrices perfiladas de fuerza compensada. Las palas directrices dividen y dirigen la corriente de agua haciendo que ésta llegue al rodete sin efecto de golpe - con independencia de la abertura de entrada. Ambas palas giratorias se hallan perfectamente ajustadas en la carcasa de la turbina. Las pérdidas por fuga son tan escasas que las palas directrices pueden servir de órgano de cierre en saltos de poca altura.

De esta manera no es preciso que se prevea ninguna válvula de cierre entre la tubería de presión y la turbina. Ambas palas directrices pueden regularse independientemente entre sí mediante una palanca reguladora a la que se acopla la regulación automática o manual.

Carcasa

Las carcasas de las turbinas están construidas completamente en acero, son insuperablemente robustas, más ligeras que las carcasas de fundición gris y resistente a golpes y heladas.

Rodete

El rodete constituye la parte esencial de la turbina. Es equipado de álabes, fabricadas de un acero perfilado laminado brillante según un procedimiento bien probado, adaptadas a discos finales en ambos lados, y soldadas según un procedimiento especial. Según sea su tamaño, el rodete puede poseer hasta 37 palas. Las palas curvadas linealmente sólo producen un empuje axial pequeño, por lo que se suprimen los cojinetes de empuje y de collares múltiples con sus respectivos inconvenientes. Tratándose de rodetes de gran anchura, las palas se hallan apoyadas mediante arandelas intermedias. Antes de su montaje final los rodetes son sometidos a un perfecto equilibrado.

Alojamiento

Los cojinetes principales de las turbinas están equipados con rodamientos normalizados de rodillos a rótula. El empleo de rodamientos para las turbinas hidráulicas ofrece unas ventajas indiscutibles si, gracias a la construcción de las carcasas de alojamiento, se evita la entrada de fugas de agua o agua de condensación. Esta es la característica fundamental de la construcción patentada del alojamiento utilizado en las turbinas. Al mismo tiempo se centra el rodete en respecto de la carcasa de la turbina. Unos elementos de junta libres de mantenimiento completan esta insuperable solución técnica. Aparte de un cambio anual de la grasa, este alojamiento no requiere ningún tipo de entretenimiento.

Tubo de aspiración

La turbina se basa en el principio de la libre desviación. No obstante, un tubo de aspiración es imprescindible para caídas medianas y pequeñas. Este tubo permite compaginar un montaje a prueba de crecidas con un aprovechamiento sin pérdidas de toda la altura del salto. Si el diseño de una turbina de libre desviación con un amplio campo de aprovechamiento prevé la incorporación de un tubo de aspiración, es preciso, por lo tanto, que se pueda regular la columna del agua de aspiración. Esto se consigue con una válvula de aireación regulable que influye sobre el vacío en la carcasa de la turbina. Las turbinas de tubo aspirante permiten así un aprovechamiento óptimo de saltos de hasta 2 m.

Comportamiento funcional

Debido a su propio sistema, las turbinas no están expuestas a la cavitación. La turbina será siempre arreglada encima del nivel del mar. Por consiguiente los ahorros serán esenciales con respecto a los gastos civiles. Asimismo podrá operarse la máquina por toda la gama de admisión sin restricciones.

La velocidad de embalamiento relativamente baja de las turbinas permite la utilización de generadores fabricados en serie.

» Sencillez por principio «, éste fue el lema que presidió el desarrollo de la Hidroeléctrica Marítima: Diseñada para funcionar durante decenios en régimen continuo, no requiere medios especiales para su mantenimiento. A menudo -especialmente en el Tercer Mundo - su instalación y puesta en marcha corre a cargo de personal no especializado.

Un concepto de construcción económico

En un mundo cada vez más consciente de su entorno, se aspira al ideal de aprovechar los recursos de la naturaleza sin pérdida alguna de su substancia ni perjuicio para el medio ambiente, por ejemplo produciendo corriente eléctrica a partir de energías regenerativas. La construcción de instalaciones hidroeléctricas tropieza, sin embargo, con un inconveniente fundamental: los elevados costes de inversión que supone su diseño y planificación, el dimensionado y la construcción, así como la ejecución de las maquinarias y obras hidráulicas.

Ingenieros consultores y constructores de turbinas emprendieron así el intento de reducir los gastos totales normalizando las turbinas hidráulicas. Esta solución a poder ser válida para las turbinas de gran tamaño plantea, sin embargo, problemas de dimensionado en el caso de las turbinas pequeñas en relación con el caudal nominal instalado y el margen de su fluctuación anual.

Las turbinas se componen de elementos normalizados que, de acuerdo con los requisitos de cada caso - es decir, según el caudal nominal instalado y la altura del salto en cuestión - van formando instalaciones completas hechas a la medida. Este sistema de construcción modular permite reducir los costes de fabricación y al mismo tiempo concebir las funciones conformemente al proyecto.

Principio

La turbina es una turbina de libre desviación, de admisión radial y parcial. Debido a su número específico de revoluciones cuenta entre las turbinas de régimen lento. El distribuidor imprime al chorro de agua una sección rectangular, y éste circula por la corona de paletas del rodete en forma de cilindro, primero desde fuera hacia dentro y, a continuación, después de haber pasado por el interior del rodete, desde dentro hacia fuera.

En la práctica, este sentido de circulación ofrece además la ventaja de que el follaje, hierba y lodos que durante la entrada del agua se prensan entre los álabes, vuelven a ser expulsados con el agua de salida - ayudados por la fuerza centrífuga - después de medio giro del rodete. De esta manera no puede atascarse nunca este rodete de limpieza automática.

En los casos en los que el caudal del río lo requiere, se ejecuta la turbina en construcción de células múltiples. La división normal es de 1 : 2. Para el aprovechamiento de pequeños caudales se utiliza la célula pequeña, para caudales medianos la célula grande. Ambas células juntas sirven para grandes corrientes de agua. Esta disposición permite aprovechar con un rendimiento óptimo cualquier caudal de agua con una admisión entre 1/6 y 1/1. De aquí se explica la especial eficacia de las turbinas en el aprovechamiento de caudales sometidos a fuertes variaciones.

Sistemas de servicio

Operación en paralelo

Operando en paralelo con la red (On-Grid), las turbinas de flujo cruzado alimentan del generador a la red la energía eléctrica de forma segura y confiable. Este modo garantiza una alta producción anual y una generación maximizada de energía. En base a gastos mínimos de inversión el inversionista alcanzará rápidamente el punto de equilibrio.

La regulación en operación en paralelo, se hace en función del nivel de agua. La posición de ambas palas directrices, se optimiza automáticamente de acuerdo al caudal utilizado. Gracias a las válvulas proporcionales la regulación no se hace por pulsos, sino continúo. La parada de emergencia se hace por medio de actuadores y contrapesos, lo que hace que la utilización de baterías sea innecesaria.

Operación isla

En operación isla (Off-Grid) los generadores síncronos accionados por las turbinas de flujo cruzado producen electricidad para las necesidades actuales – y se pondrá siempre tanta energía como sea requerida para los consumidores. Por eso el desafío consiste en los cambios continuos de la demanda de energía. De ello se desprende la necesidad de hacer funcionar las turbinas casi sin carga.

La utilización de la turbina de flujo cruzado en operación isla es ideal, debido a su rango de trabajo irrestrictamente se extiende de cero a plena carga y debido al sistema, no se producen vibraciones ni cavitaciones. El control automático de velocidad, regula el volumen del caudal. Una bomba manual garantiza el arranque en frío del grupo sin necesidad de batería.

Como alternativa al clásico regulador de velocidad, EBHM ofrece a buen precio para equipos de baja potencia el regulador de carga constante.

Operación combinada: en paralelo - isla

Hay también la posibilidad, de combinar ambos sistemas de operación. Esto hace sentido, cuando la red pública es inestable, considerando que el suministro de energía debe ser seguro para un consumidor individual. El grupo cambia al modo isla tan pronto que hay falla en la red. La regulación del sistema no se hace más por control de nivel, sino por la velocidad. El control del generador cambia de cos-phi (en operación con la red) a regulación de voltaje (en operación isla).

Ahorro de costos:

Obras civiles mínimas, se requiere únicamente superficies planas de concreto.

Montaje rápido y sencillo.

Mantenimiento mínimo: engrase regular y cambio anual de grasa, no se precisan herramientas especiales.

Ningún paro forzado, por causa de un rodete obstruido (efecto auto limpiante del rodete), ni por caudales reducidos.

Las palas directrices de cierre hermético serán suficientes para la parada del grupo, no se precisa ninguna válvula de cierre automática delante de la turbina.

Calidad

Palas directrices hidráulicas calibradas a la perfección: para conseguir una operación sin vibración ni cavitación y un alto nivel de rendimiento.
Componentes industriales de larga duración, elementos electrónicos de larga vida.
Sellos prensaestopas no requieren lubricación.
Los cojinetes de las palas directrices son libres de mantenimiento.

Supremacía técnica

El sistema permite trabajar con fuertes variaciones de caudal manteniendo un buen rendimiento constante.
La turbina con tubo de aspiración utiliza la totalidad de la caída: desde el nivel alto hasta el nivel bajo de agua.
Nuestras turbinas de flujo cruzado se diferencian enormemente de imitaciones especialmente por el funcionamiento, control y curva de rendimiento.
No se produce ningún empuje axial, por consiguiente se usa rodamientos sencillos y de poco mantenimiento.
Sencillez proverbial (únicamente dos o tres elementos móviles).
Para un cierre seguro de emergencia se ha provisto de una palanca con contrapeso, por consiguiente no se requiere de energía externa.

Cambio climático

Hidrocarburos

Hemos tratado el tema del cambio climático y las causas del calentamiento global sin detenernos a pensar porque los hidrocarburos son dañinos a nuestro entorno. ¿Qué nos debe preocupar de los hidrocarburos?

El aprovechamiento del petróleo y del gas natural, recursos minerales procedentes de la generación y acumulación natural de hidrocarburos, requiere previamente una fase exploratoria para la localización de posibles yacimientos de hidrocarburos (sustancias minerales compuestas por combinaciones de carbono e hidrógeno junto a pequeños porcentajes de otros minerales).

La existencia en la naturaleza de estos yacimientos de hidrocarburos, depende de la coincidencia en el tiempo geológico de los siguientes elementos:

1. Una roca madre en la que se han generado los hidrocarburos a partir de acumulaciones masivas de sedimentos orgánicos.

2. Una roca almacén compuesta de areniscas o calizas, porosas y permeables, a la que han migrado, dada su movilidad como fluidos, el petróleo y gas natural generados en la roca madre.

3. Una trampa efectiva para la acumulación de hidrocarburos.

Uno de los principales problemas de los hidrocarburos es su transporte. Para hacernos una idea nos centraremos en el transporte marítimo. En el agua, los hidrocarburos se esparcen rápidamente, debido a la existencia de una importante diferencia de densidades entre ambos líquidos, llegando a ocupar extensas áreas, y dificultando por lo tanto sus posibilidades de limpieza. Esto imposibilita la interacción entre la flora y la fauna marina con la atmósfera, obstruyendo así el ciclo natural de vida. Si las sustancias contaminantes alcanzan la costa, debido a la alta permeabilidad de la arena, los hidrocarburos pueden penetrar hacia el subsuelo contaminando las napas y dejando rastros irreparables en los reservorios de agua dulce.

Anualmente se vierten al mar entre 3 y 4 millones de toneladas de petróleo. Las actividades de exploración y explotación de los fondos marinos, constituyen una muy importante fuente de contaminación. Otra importante causa de contaminación, la constituyen los vertidos de desechos industriales, que llegan a poseer altas concentraciones de los derivados más peligrosos de los hidrocarburos.

Si nos trasladamos al medio atmosférico notamos que en la mayoría de las ocasiones se culpabiliza al CO_2, pero los hidrocarburos emanan muchos otros gases contaminantes:

Los hidrocarburos: El principal gas de estas características que poluciona la atmósfera es el metano. En un estudio realizado en la ciudad de Los Ángeles entre 1970 y 1972 indico que en la contaminación por hidrocarburos el metano representaba el 85% del total, los alcanos el 9%, los alquenos el 2.7%, los alquinos el 1% y los aromáticos el 2.3 %.

Los hidrocarburos presentan en general, una baja toxicidad, el problema principal que tiene, es la reactividad fotoquímica en presencia de la luz solar para dar compuestos oxidados.

Los hidrocarburos oxigenados: En este grupo se incluyen los alcoholes, aldehídos, cetonas, éteres, fenoles, esteres, peróxidos y ácidos orgánicos. La principal causa de su presencia en el aire esta asociada a los automóviles, aunque también pueden formarse por reacciones fotoquímicas en la propia atmósfera.

El monóxido de carbono: Está considerado como un peligroso gas asfixiante porque se combina fuertemente con la hemoglobina de la sangre reduciendo la oxigenación de los tejidos celulares. Se produce en la combustión incompleta del carbón y de sus compuestos, y una de sus principales fuentes de emisión son los automóviles, aunque también se produce en la naturaleza, fundamentalmente por la actividad de algas.

El dióxido de carbono: La mayor parte del CO_2 se produce en la respiración de las biocenosis y, sobre todo, en las combustiones de productos fósiles (petróleo y carbón), el CO_2 es un componente del aire es utilizado por los vegetales en la fotosíntesis.

El nivel de CO_2 en la atmósfera está aumentando de modo alarmante durante los últimos decenios, debido el desarrollo industrial. Por otra parte se sabe que al aumentar la concentración de CO_2 en la atmósfera aumenta la energía que queda en la tierra procedente del sol, y ello lo hace en forma de calor, este efecto se conoce como el efecto invernadero, es causado por la transparencia del CO_2, que por una parte permite pasar mejor la radiación solar y por otra provoca una mayor retención de la radiación IR emitida desde la tierra.

Consumo y recursos energéticos a nivel mundial

En este artículo se emplean las unidades, los prefijos y las magnitudes del Sistema Internacional como la Potencia en vatios o Watts(W) y Energía en julios (J), cara a comparar directamente el consumo y los recursos energéticos a nivel mundial. Un vatio es un julio partido segundo.

El consumo energético mundial total en 2005 fue de 500 EJ (= 5 x 1020 J) (ó 138.900 TWh) con un 86,5% derivado de la combustión de combustibles fósiles, aunque hay al menos un 10% de incertidumbre en estos datos. Esto equivale a una potencia media de 15

TW (= 1.5 x 1013 W). No todas las economías mundiales rastrean sus consumos energéticos con el mismo rigor, y el contenido energético exacto del barril de petróleo o de la tonelada de carbón varía ampliamente con la calidad.

La mayor parte de los recursos energéticos mundiales provienen de la irradiación solar de la Tierra - alguna de esta energía ha sido almacenada en forma de energía fósil, otra parte de ella es utilizable en forma directa o indirecta como por ejemplo vía energía eólica, hidráulica o de las olas. El término constante solar es la cantidad de radiación electromagnética solar incidente por unidad de superficie, medida en la superficie exterior de la atmósfera terrestre, en un plano perpendicular a los rayos. La constante solar incluye a todos los tipos de radiación solar, no sólo a la luz visible. Mediciones de satélites la sitúan alrededor de 1366 vatios por metro cuadrado, aunque fluctúa un 6,9% a lo largo del año - desde los 1412 W/m² a principios de enero hasta los 1321 W/m² a principios de julio, dada la variación de la distancia desde el Sol, de una cuantas partes por mil diariamente. Para la Tierra al completo, con una sección transversal de 127.400.000 km², la potencia obtenida es de 1,740×1017 vatios, más o menos un 3,5%.

Las estimaciones de los recursos energéticos mundiales restantes son variables, con un total estimado de los recursos fósiles de unos 0,4 YJ (1 YJ = 1024J) y unos combustibles nucleares disponibles tales como el uranio que sobrepasan los 2,5 YJ. El rango de los combustibles fósiles se amplía hasta 0,6-3 YJ si las estimaciones de las reservas de hidratos de metano son exactas y si se consigue que su extracción sea técnicamente posible. Debido al Sol principalmente, el mundo tiene también acceso a una energía utilizable que excede los 120 PW (8.000 veces la total utilizada en 2004), o de 3,8 YJ/año, empequeñeciendo a todos los recursos no renovables.

Consumo

Desde el advenimiento de la revolución industrial, el consumo energético mundial ha crecido de forma continuada. En 1890 el consumo de combustibles fósiles alcanzó al de biomasa utilizada en la industria y en los hogares. En 1900, el consumo energético global supuso 0,7 TW ($0,7 \times 1012$ Watts).

Combustibles fósiles

Energía fósil es aquella que procede de la biomasa producida hace millones de años que pasó por grandes procesos de transformación hasta la formación de sustancias de gran contenido energético como el carbón, el petróleo, o el gas natural, etc. No es un tipo de energía renovable, por lo que no se considera como energía de la biomasa, sino que se incluye entre las energías fósiles.

La mayor parte de la energía empleada actualmente en el mundo proviene de los combustibles fósiles. Se utilizan en el transporte, para generar electricidad, para calentar ambientes, para cocinar, etc.

Clases

Los combustibles fósiles son tres: petróleo, carbón y gas natural. Se formaron hace millones de años, a partir de restos orgánicos de plantas y animales muertos. Durante miles de años de evolución del planeta, los restos de seres que lo poblaron en sus distintas etapas se fueron depositando en el fondo de mares, lagos y otros cuerpos de agua. Allí fueron cubiertos por capa tras capa de sedimento. Fueron necesarios millones de años para que las reacciones químicas de descomposición y la presión ejercida por el peso de esas capas transformasen a esos restos orgánicos en gas, petróleo o carbón.

Los combustibles fósiles son recursos no renovables ya que no se reponen por procesos biológicos como por ejemplo la madera. En algún momento, se acabarán, y tal vez sea necesario disponer de millones de años de una evolución y descomposición similar para que vuelvan a aparecer.

Petróleo

El petróleo es un líquido oleoso compuesto de carbono e hidrógeno en distintas proporciones. Se encuentra en profundidades que varían entre los 600 y los 5.000 metros. Este recurso ha sido usado por el ser humano desde la Antigüedad: los egipcios usaban petróleo en la conservación de las momias, y los romanos, de combustible para el alumbrado.

El petróleo y sus derivados tienen múltiples y variadas aplicaciones. Además de ser un combustible de primer orden, también constituye una materia prima fundamental en la industria, pues a partir del petróleo se pueden elaborar fibras, caucho artificial, plásticos, jabones, asfalto, tintas de imprenta, caucho para la fabricación de neumáticos, nafta, gasolina y un sin número de productos que abarcan casi todos los productos del campo.

Carbón

El carbón es un mineral que se formó a partir de los restos vegetales prehistóricos, principalmente de los helechos arborescentes. Esos restos sepultados por el fango y bajo los efectos del calor, la presión y la falta de oxígeno, tomaron la estructura mineral que hoy presentan.

La importancia del carbón radica en su poder energético como combustible y en el hecho de constituir la materia prima fundamental en la elaboración de infinidad de artículos. Las primeras máquinas de vapor, como barcos, trenes y maquinaria industrial se movieron gracias a la energía que suministraba a este material. Posteriormente fue desplazado por el petróleo; sin embargo, hoy en día el carbón parece recuperar su posición privilegiada, pues éste es materias primas para la elaboración de plástico, colorantes, perfumes y aceites.

Gas natural

El gas natural está compuesto principalmente por metano, un compuesto químico hecho de átomos de carbono e hidrógeno. Se encuentra bajo tierra, habitualmente en compañía de petróleo. Se extrae mediante tuberías, y se almacena directamente en grandes contenedores de aluminio. Luego se distribuye a los usuarios a través de gasoductos. Como es inodoro e incoloro, al extraerlo se mezcla con una sustancia que le da un fuerte y desagradable olor. De este modo, las personas pueden darse cuenta de que existe una filtración o escape de gas.

Ventajas

Son fáciles de extraer (sólo si es una extracción a cielo abierto, sí es una extracción en galería es muy costosa)
Su gran disponibilidad, dependiendo del país.
Son baratas, en comparación con otras fuentes de energía.

Desventajas

Su uso produce la emisión de gases que resultan tóxicos para la vida.
Se produce un agotamiento de las reservas a corto o mediano plazo.
Al ser utilizados contaminan más que otros productos que podrían haberse utilizado en su lugar.

Combustibles fósiles

Durante el siglo veinte se observó un rápido incremento en el uso de los combustibles fósiles que se multiplicaron por veinte. Entre 1980 y 2004, las tasas anuales de crecimiento fueron del 2%.12 Según las estimaciones en 2006 de la Administración de Información sobre la Energía estadounidense, los 15 TW estimados de consumo energético total para 2004 se dividen como se muestra a continuación, representando los combustibles fósiles el 86% de la energía mundial:

Tipo de combustible	Potencia en TW	Energía/año en EJ
Petróleo	5,6	180

Gas	3,5	110
Carbón	3,8	120
Hidroeléctrica	0,9	30
Nuclear	0,9	30
Geotérmica, eólica, solar, biomasa	0,13	4
Total	**15**	**471**

El carbón suministró la energía para la revolución industrial en los siglos XVIII y XIX. Con la llegada del automóvil, de los aviones y con la generalización del uso de la electricidad, el petróleo se convirtió en el combustible dominante durante el siglo XX. El crecimiento del petróleo como principal combustible fósil fue reforzado por el descenso continuado de su precio entre 1920 y 1973. Tras las crisis del petróleo de 1973 y 1979, en las cuales el precio del petróleo se incrementó desde los 5 hasta los 45 dólares estadounidenses por barril, se produjo un retraimiento del consumo de petróleo. El carbón y la energía nuclear pasaron a ser los combustibles elegidos para la generación de electricidad y las medidas de conservación incrementaron la eficiencia energética. En EE.UU. el automóvil medio aumentó a más del doble las millas recorridas por galón. Japón, que soportó la peor parte de las crisis del petróleo, realizó mejoras espectaculares y ahora presenta la mayor eficiencia energética del mundo. Tras los últimos cuarenta años, el uso de combustibles fósiles ha continuado creciendo y su participación en el suministro energético se ha incrementado. En los últimos tres años, el carbón, que es una de las fuentes más sucias de energía, se ha convertido en el combustible fósil de más rápido crecimiento. Pese a ello, la energía solar fotovoltaica se está incorporando rápidamente como reemplazo de los combustibles fósiles como fuente dominante de energía. Obsérvese la comparación anterior sobre la disponibilidad: Los recursos totales de todos los combustibles fósiles representan 0,4 YJ en total, mientras que la disponibilidad de energía solar es de 3,8 YJ al año.

Energías renovables

En 2004, el suministro de energía renovable representó el 7% del consumo energético mundial. El sector de las renovables ha ido creciendo significativamente desde los últimos años del siglo XX, y en 2005 la inversión nueva total fue estimada en 38 mil millones de dólares estadounidenses. Alemania y China lideran las inversiones con alrededor de 7 mil millones de dólares estadounidenses cada una, seguidas de Estados Unidos, España, Japón e India. Esto ha resultado en 35 GW de capacidad adicional al año.

Energía hidráulica

El consumo hidroeléctrico mundial alcanzó los 816 GW en 2005, consistentes en 750 GW de grandes centrales, y 66 GW de instalaciones microhidráulicas. El mayor incremento de la capacidad total anual con 10.9 GW fue aportado por China, Brasil e India, pero se dio un crecimiento mucho más rápido en la microhidráulica (8%), con el aumento de 5 GW, principalmente en China donde se encuentran en la actualidad aproximadamente el 58% de todas las plantas microhidráulicas del mundo.

En Occidente, aunque Canadá es el mayor productor hidroeléctrico mundial, la construcción de grandes centrales hidroeléctricas se ha paralizado debido a sus implicaciones medioambientales. La tendencia tanto en Canadá como en Estados Unidos ha sido hacia la microhidráulica dado su insignificante impacto ambiental y la incorporación de multitud de localizaciones para la generación de energía. Tan sólo en la Columbia Británica se estima que la microhidráulica será capaz de elevar a más del doble la producción eléctrica en la provincia.

Por países

El consumo de energía sigue ampliamente al Producto Nacional Bruto, aunque existe una diferencia significativa entre los niveles de consumo de los Estados Unidos con 11,4 kW por persona y los de Japón y Alemania con 6 kW por persona. En países en desarrollo como la India el uso de energía por persona es cercano a los 0,7 kW Bangladesh tiene el consumo más bajo con 0,2 kW por persona. (Kw ES POTENCIA, Y NO ENERGIA)

Estados Unidos consume el 25% de la energía mundial (con una participación de la productividad del 22% y con un 5% de la población mundial). La cantidad de agua necesaria representa casi el 50% de agua usada en EE. UU frente al 35% usado en la agricultura.38 El crecimiento más significativo del consumo energético está ocurriendo en China, que ha estado creciendo al 5,5% anual durante los últimos 25 años. Su población de 1.300 millones de personas consume en la actualidad a una tasa de 1,6 kW por persona.

Durante los últimos cuatro años el consumo de electricidad per cápita en EE.UU. ha decrecido al 1% anual entre 2004 y 2008. El consumo de energía proyectado alcanzará los 4.333.631 millones de kilovatios hora en 2013, con un crecimiento del 1.93% durante los próximos cinco años. El consumo se incrementó desde los 3.715.949 en 2004 hasta los esperados 3.937.879 millones de kilovatios hora al año en 2008, con un incremento de alrededor del 0.36% anual. La población de los EE.UU. ha venido incrementándose en un 1,3% anual, con un total de alrededor de 6,7% en los cinco años.

El descenso se debe principalmente a los aumentos de la eficiencia y al uso de bombillas de bajo consumo que utilizan alrededor de un tercio de la electricidad que usan las bombillas incandescentes o las bombillas LED que usan una décima parte, como mucho, a lo largo de sus 50.000 a 100.000 horas de vida esto las hace más baratas que los tubos fluorescentes.

Una medida de la eficiencia es la intensidad energética. Ésta mide la cantidad de energía que le es necesaria a cada país para producir un dólar de producto interior bruto.

Por sectores

Los usos industriales (agricultura, minería, manufacturas, y construcción) consumen alrededor del 37% del total de los 15 TW. El transporte comercial y personal consume el 20%; la calefacción, la iluminación y el uso de electrodomésticos emplea el 11%; y los usos comerciales (iluminación, calefacción y climatización de edificios comerciales, así como el suministro de agua y saneamientos) alrededor del 5% del total.

El 27% restante de la energía mundial es perdido en la generación y el transporte de la energía. En 2005 el consumo eléctrico global equivalió a 2 TW. La energía empleada para generar 2 TW de electricidad es aproximadamente 5 TW, dado que la eficiencia de una central energética típica es de alrededor del 38%.41 La nueva generación de centrales térmicas de gas alcanzan eficiencias sustancialmente mayores, de un 55%. El carbón es el combustible más generalizado para la producción mundial de electricidad.

Eficiencia energética: mayor rapidez, menor contaminación

por Eduar K. Salas Burbano - Periodista Expouniversidad

Este novedoso desarrollo del grupo de Ingeniería de la Universidad de Antioquia está en capacidad de reducir, además del consumo de combustible; el costo de fabricación entre un 20 y un o 30 por ciento frente a la fabricación de hornos, quemadores o estufas tradicionales; y se encuentra en proceso de patentamiento con la solicitud 10-026485 de marzo de 2010.

Los combustibles fósiles, generados a partir del carbón, petróleo, aceite y gas natural principalmente, comprenden el primer producto generador de energía y combustión del mundo. Según la Agencia Internacional de Energía y los indicadores de desarrollo mundial, registran más de 200 países cuyo porcentaje de uso de combustibles fósiles para energía es superior al 70% entre el año 2006 y el 2010. En Colombia, particularmente se registra un porcentaje de uso superior al 72% de combustibles fósiles donde el principal es el petróleo. Sin embargo, este territorio es particularmente beneficiado por recursos hídricos, por lo que la generación de energía a través de la tecnología hidroeléctrica permite contrarrestar en cierta medida la dependencia de combustibles no renovables usados para generar energía. Por eso, en la actualidad la energía hidráulica en Colombia representa más del 64% de la producción, además, existen plantas de energía eólica.

Por otra parte, Colombia le ha apostado a la producción de gas natural, fuente de energía que puede ser obtenida de yacimientos de petróleo, depósitos de carbón, basuras, vegetales y desechos orgánicos, entre otros. En el último registro de la CIA World Factbook el consumo de gas natural en el 2010 en Colombia, fue de 8,1 miles de millones de metros cúbicos. Cifras más locales hacen referencia al Valle de Aburrá, en Medellín, Antioquia, donde las Empresas Públicas de Medellín –EPM- registran una atención con gas natural para hogares a más de 5 mil clientes, 7 mil pymes y comercios y 56 estaciones de servicio que atienden a más de 30 mil vehículos. Esta alternativa energética ha reducido porcentualmente el impacto ambiental frente al generado por otros combustibles no renovables. Sin embargo, las emisiones de gases de efecto invernadero, el consumo ineficiente del gas y la inestabilidad de éste, significan una problemática en la eficiencia de uso, servicio y rendimiento del gas. Por esta razón, el grupo de Ciencia y Tecnología del Gas de la Facultad de Ingeniería de la Universidad de Antioquia, liderado por el profesor Andrés Amell, ha construido un quemador con un sistema de combustión sin llama incorporado. El proyecto ha propuesto y desarrollado con resultados positivos esta tecnología que reduce el desperdicio de combustión en un 50% comparado a un sistema de combustión tradicional. Además, este avance industrial ha logrado un ahorro de energía y combustible en un 75% y una recuperación del calor de los gases en un 85%. Estas cifras están relacionadas con la posibilidad de quitar el efecto luminoso cuando se hace combustión a cambio de esto, se genera un resplandor mucho más estable y eficiente. La diferencia, además del efecto visual, es que cuando se evita la llama, las emisiones de CO_2 se reducen en 20 ppm (partes por millón) y las emisiones de oxido nitroso (Nox) en 10 ppm.

Este desarrollo de la ingeniería colombiana ha logrado efectividad en el proceso usando diferentes composiciones químicas y naturales rompiendo los patrones tecnológicos y ambientales de los sistemas tradicionales de combustión. De esta manera, combustibles como el gas natural, biogas, gas de síntesis, entre otros, al quemarse no se convierten en un potente foco de contaminación como ocurre tradicionalmente y puede ser usado en el manejo de petroquímicos, metalurgia, vapor, tratamiento a residuos e incluso se está desarrollando un quemador coflow que pueda ser usado en espacios abiertos manteniendo las condiciones de temperatura y combustión, sin problemas como el viento, que normalmente mueve la llama de un lado a otro y que en ocasiones la extingue convirtiéndose en un problema de salud ocupacional y un riesgo para la vida.

Este novedoso desarrollo del grupo de ingeniería de la Universidad de Antioquia está en capacidad de reducir, además del consumo de combustible; el costo de fabricación entre un 20 y un o 30 por ciento frente a la fabricación de hornos, quemadores o estufas tradicionales; y se encuentra en proceso de patentamiento con la solicitud 10-026485 de marzo de 2010. Un avance de la ingeniería que sin duda impactará de manera positiva y tangible en el ambiente, en el tiempo de trabajo en relación con esta tecnología, y en la economía de las personas y Expouniversidad 2011, Innovación: un encuentro con la creatividad y la ciencia lo tiene al alcance de todos los visitantes particulares y expertos del área para que conozcan lo que los talentos de la ingeniería de la Universidad de Antioquia están desarrollando en beneficio del país.

¿Qué puede aportar Hidroeléctrica Marítima?

Hidroeléctrica Marítima puede reducir el consumo fósil de todas las naciones costeras e incluso de las naciones que tienen ríos caudalosos durante todo el año. De esa forma, al reducir el consumo de fósiles, no solo se reduce el gasto que ello conlleva, sino que eliminamos la contaminación que generamos en la producción de energía eléctrica.

¿Qué sucederá si Hidroeléctrica Marítima no actúa?

El cambio climático. Causas, efectos y consecuencias a futuro

El clima de la Tierra está determinado por una continua energía proveniente del Sol. Esta energía llega principalmente en forma de luz visible. Alrededor de un 30% de esta energía vuelve al espacio pero la mayoría del 70% restante que es absorbida, pasa la atmósfera y calienta la superficie terrestre. Sin este efecto invernadero natural la Tierra sería 30 °C más fría y la especie humana no podría vivir. La Tierra debe enviar esta energía de regreso al espacio en forma de radiaciones infrarrojas o térmicas en lugar de luz. El cambio climático es lo que el hombre ha generado para modificar el planeta con la utilización y quema de combustibles, tala de árboles, lo que genera una desertificación al suelo con mucha perdida de la cobertura vegetal y si le sumamos los gases generados al medio provocaremos que el planeta se esté derritiendo.

Considero que en la medida en que conservemos nuestros bosques y la flora que son los pulmones de planeta, se disminuirá posiblemente de una forma gradual el efecto de este cambio global.

Como todos sabemos las causas del cambio climático en gran parte es debido a las tecnologías implantadas por el hombre El mundo está enfermo. Aun que la mayoría de los países están implantando políticas para aliviar los dolores que sufre el mundo no se siguen adecuadamente las propuestas debido a que existen muchos intereses monetarios principalmente de los países ricos que son los que más contaminan. Sin embargo aun hay posibilidad de salvarlo.

Los efectos del cambio climático lo vemos en los desastres provocados por los tsunamis en el Este de Asía. Las inundaciones en distintas regiones del país. Los daños son ciudades destruidas, campos agrícolas declarados zonas de desastre, cultivos completamente dañados: en fin pérdidas irreparables.

La industria química es uno de los principales contribuyentes al cambio climático global. Uno de los mayores genocidas involuntarios de esta industria es el ilustre químico norteamericano Thomas Migdley, quien, entre otras, tuvo la idea de agregar plomo a las gasolinas, para hacerlas más explosivas. El plomo en nuestra sangre (de los nacidos durante las décadas de los 60, 70, 80) es cortesía de este químico y las industrias globales que popularizaron su uso. Es pertinente recordar aquí que una vez que el plomo entra en el torrente sanguíneo permanece ahí hasta la muerte del poseedor. Migdley es también inventor de los clorofluorocarbonos cuyo tremendo efecto se dio a conocer en la antártica con la espectacular disminución de la capa de ozono en la atmósfera. Durante su vida, Midgdley logró más de cien patentes, cuyas contribuciones en el calentamiento global deberán ser analizadas para futuras generaciones. La tragedia de Midgley es paradigmática: científico ejemplar, desde el punto de vista de productividad, pero de escasas miras de los efectos que podrían tener sus inventos. En un sentido más amplio es la tragedia del sistema de producción de la industria actual que encamina a la humanidad a una catástrofe global.

El cambio climático y la crisis alimentaria.

El cambio climático, es una de las grandes consecuencias a la cual las futuras generaciones se van a enfrentar. Una de estas variantes son las crisis alimentarias, y hoy en México ya es un hecho. Para finales de los años 50, México no era autosuficiente en alimentación y fue gracias que con La Revolución Verde, que México alcanzó niveles de producción agrícola lo suficientemente sustentable, pero el uso indiscriminado de formas químicas de producción a la tierra trajo consigo, daños a la estructura de suelos. Hoy, el Mundo, tiene graves problemas en contaminación de suelos, aunado al problema de cambio climático, mientras en el sur nos estamos ahogado por la gran cantidad de precipitación pluvial, en el norte han pasado hasta 11 meses sin lluvia o en su defecto heladas antes no registradas. Situación que ha originado que se eleven los costos de los alimentos de primera necesidad, lo que pone en gran riesgo a seguir dependiendo a un más de las importaciones de alimentos, y por consiguiente los altos costos de la alimentación.

Salud y cambio climático

Los eventos climáticos relacionados con afectaciones a la salud de la población están relacionados con temperaturas y condiciones de humedad extremas, que llevan a condiciones para la aparición de brotes de enfermedades como golpes de calor, enfermedades transmitidas por vector y transmitidas por agua y alimentos.

Un incremento de las Enfermedades Transmitidas por Vector (dengue y paludismo) está asociado con el aumento de temperaturas y con la precipitación como co-variable. El cambio climático favorecerá un clima más cálido, por lo que en episodios de fuertes precipitaciones, el riesgo de brotes de estas enfermedades aumentará.

El Cambio Climático y los Animales

El cambio climático son la serie de cambios que ha sufrido el clima de la tierra debido a los procesos iniciados por el hombre, que al ser cada vez más masivos y globales han afectado el funcionamiento físico de la atmósfera terrestre.

El clima de la tierra es la estructura física de los elementos de la atmósfera que influencia "el tiempo" en un lugar y tiempo dados. De acuerdo a los procesos físicos en la tierra y en la repartición de la energía calorífica que emana del Sol.

Uno de los elementos que más sufren los efectos son los animales que han evolucionado por siglos para alcanzar ciertas particularidades y no es posible que se adapten en los tiempos en los que los cambios se están sucediendo por culpa del ser humano.

Uno de los ejemplos más tangibles es el oso polar (Urusus marítimus) que ha evolucionado para poder nadar grandes distancias entre los témpanos de hielo del océano ártico, pero al incrementarse la temperatura en estas áreas de la tierra, los témpanos se derriten y los osos tienen que nadar distancias mucho mayores para las que no están adaptados. Lo que sucede es que al no poder alcanzar nuevos sitios de descanso se cansa y se ahogan al no poder permanecer a flote. Esto es particularmente en los individuos jóvenes afectando el futuro de la especie.

El Cambio Climático y el Diseño Industrial.

La Conferencia Internacional sobre Cambio Climático, que se celebró el 15.12.09 en la capital de Dinamarca fue el marco escogido por los investigadores del proyecto MIT Senseable City Lab para presentar Copenhague wheel. Sin duda, un ejemplo de lo que podemos considerar una tendencia congénita al diseño contemporáneo: el desarrollo de experiencias.

La rueda Copenhague utiliza una tecnología similar al KERS (Kinetic Energy Recovery System), la cual ha revolucionado la Fórmula Uno. Su logro, es recuperar la energía cinética que se produce al frenar y almacenarla en las baterías de un motor eléctrico, para luego ser utilizada de nuevo cuando más convenga. De este modo, se favorece enormemente el aumento de la gama de usuarios de la bicicleta como transporte en ciudad.

Al cubrir distancias largas, o circular por calles que presentan inclinaciones extremas el pedaleo permanece suave y confortable. Un confort que se incrementa con la que podría ser considerada su aplicación 2.0.

Unos sensores estratégicamente ubicados y una conexión Bluetooth permiten al ciclista colocar su iPhone en el manillar y ejercer el control de diversas tareas. Desde controlar la velocidad o recopilar datos sobre la contaminación atmosférica a conocer el paraje de otros amigos que en ese momento también se desplazan sobre dos ruedas.

Aplicaciones de inagotables posibilidades en manos de la creatividad de quienes las gestionen. Copenhague Wheel hoy, un sugerente prototipo que se espera sirva de espejo a otras ciudades. Mañana, un producto que si se instaura puede convertir a la ciudad nórdica en la primera capital libre de carbono en el año 2025.

Cambio climático y energías alternativas

Una de las mejores alternativas para contender con el cambio climático es el uso de energías alternativas como fuente de mitigación o contención de las quemas de combustibles fósiles que son los principales generadores de efectos potenciadores del cambio climático.

Biomasa, la obtención de fuentes alternas para la producción de combustibles que pueden venir de fuentes orgánicas, madera, residuos agrícolas, estiércol, otras fuentes como productoras de alcohol biogas y biodiesel. Considero que la mejor fuente que no compite por terreno para producción de alimento es la producción de biomasa a partir de microalgas que son en verdad eficientes.

Otras fuentes son las eólica, solar, geotérmica, nuclear e hidráulica.

Esto no significa que Hidroeléctrica Marítima sea la salvadora del Planeta, pero si será la reductora del consumo fósil si los gobiernos lo aceptan reconocer.

El Ing. Yurisbel Gallardo Ballat escribe lo que sigue:

Resumen

Este trabajo es un estudio acerca de los principales factores que intervienen en el cambio climático terrestre. Se analizaron los daños causados por el hombre en los últimos siglos sobre la atmósfera, los cuales han ido trasformando nuestro clima y por tanto traen graves consecuencias para la población mundial. Se hace referencia a las principales causas del cambio climático que están dirigidas hacia los recursos hídricos y se exponen como resultado los daños causados en la humanidad.

INTRODUCCIÓN

El cambio climático es la variación global del clima de la tierra, medido en diferentes escalas de tiempo, por lo cual se hace necesario hacer un estudio minucioso de todas las variables que pueden influir sobre este cambio, como la temperatura, precipitaciones, nubosidad, etc. Formándose un amplio sistema climático que el cual mantiene el equilibrio global, dominado por intercambios energéticos.

Las causas fundamentales para que ocurra el cambio climático pueden ser naturales, o la acción del hombre; el cual ha aumentado su actividad nociva en los últimos siglos.

Los proceso desencadenantes del cambio climático son fundamentalmente la variabilidad natural del clima y el cambio climático antropogénico. Provocando así alteraciones en los esquemas de precipitación que a la vez son uno de los fenómenos más visibles y dramáticos del cambio climático, como consecuencia reducen el volumen de agua en cuencas convirtiéndose en una catástrofe, principalmente en áreas densamente pobladas, provocando una alta vulnerabilidad en la población a consecuencia del efecto combinado del aumento de la temperatura, la reducción de la precipitación y/o el incremento de la evaporación.

En el estudio de una zona determinada existen parámetros del clima que deben ser analizados a profundidad como son la temperatura, la humedad relativa, presión, vientos, y lo m'as fundamental en este caso las precipitaciones de la zona de estudio.

Es necesario tener en cuenta una serie de factores que pueden influir sobre estos elementos como la Latitud geográfica, altitud y la continentalidad.

En cuanto a los efectos fundamentales causado por el cambio climático están la desaparición de los bosques fundamentalmente los bosques de confieras, perdidas en las cosechas afectando así a los a zonas agrícolas o ganaderas, crisis del recurso agua haciéndose visible los impactos negativos en los lugares donde las cuencas se explotan a grandes escalas que pueden legar a provocar cambios en la temperatura, reducciones de las precipitaciones o incrementando la evaporación.

DESARROLLO

1.1 Balance de energía en la tierra

1.1.1 Energía radiante del Sol. Constante solar

La mayor parte de la energía que llega al planeta Tierra procedente del Sol viene en forma de radiación electromagnética. El flujo de energía solar que llega al exterior de la atmósfera es una cantidad fija, llamada constante solar. Su valor es de alrededor de $1,4 \cdot 10^3$ W/m2 (1354 Watios por metro cuadrado según unos autores, 1370 W·m-2 según otros), lo que significa que a 1 m2 situado en la parte externa de la atmósfera, perpendicular a la línea que une la Tierra al Sol, le llegan algo menos que $1,4 \cdot 10^3$ J cada segundo. Para calcular la cantidad media de energía solar que llega a nuestro planeta por metro cuadrado de superficie, hay que multiplicar lo anterior por toda el área del círculo de la Tierra y dividirlo por toda la superficie de la Tierra lo que da un valor de 342 W·m-2 que es lo que se suele llamar constante solar media.

1.1.2 Composición de la energía solar

Antes de atravesar la atmósfera la energía que llega a la parte alta de la atmósfera es una mezcla de radiaciones de longitudes de onda ($\square$) entre 200 y 4000 nm. Se distingue entre radiación ultravioleta, luz visible y radiación infrarroja. Ya en la superficie de la Tierra la atmósfera absorbe parte de la radiación solar. En unas condiciones óptimas con un día perfectamente claro y con los rayos del sol cayendo casi perpendiculares, como mucho las tres cuartas partes de la energía que llega del exterior alcanza la superficie. Casi toda la radiación ultravioleta y gran parte de la infrarroja son absorbidas por el ozono y otros gases en la parte alta de la atmósfera. El vapor de agua y otros componentes atmosféricos absorben en mayor o menor medida la luz visible e infrarroja. La energía que llega al nivel del mar suele ser radiación infrarroja un 49%, luz visible un 42% y radiación ultravioleta un 9%. En un día nublado se absorbe un porcentaje mucho más alto de energía, especialmente en la zona del infrarrojo.

La vegetación absorbe en todo el espectro, pero especialmente en la zona del visible. Parte de la energía absorbida por la vegetación es la que se emplea para hacer la fotosíntesis

1.1.3 Radiación reflejada y absorbida por la Tierra

El albedo de la Tierra (el brillo): su capacidad de reflejar la energía, es de alrededor de un 0.3. Esto significa que alrededor de un 30% de los 342 W·m-2 que se reciben (es decir algo más de 100 W·m-2) son devueltos al espacio por la reflexión de la Tierra. Se calcula que alrededor de la mitad de este albedo es causado por las nubes, aunque este valor es, lógicamente, muy variable, dependiendo del lugar y de otros factores.

El 70% de la energía que llega, es decir uno 240 W·m-2 es absorbido. La absorción es mayor en las zonas ecuatoriales que en los polos y es mayor en la superficie de la Tierra que en la parte alta de la atmósfera. Estas diferencias originan fenómenos de convección y se equilibran gracias a transportes de calor por las corrientes atmosféricas y a fenómenos de vaporación y condensación. En definitiva son responsables de la marcha del clima.

Los diferentes gases y otros componentes de la atmósfera no absorben de igual forma los distintos tipos de radiaciones. Algunos gases, como el oxígeno y el nitrógeno son transparentes a casi todas las radiaciones, mientras que otros como el vapor de agua, dióxido de carbono, metano y óxidos de nitrógeno son transparentes a las radiaciones de corta longitud de onda (ultravioletas y visibles), mientras que absorben las radiaciones largas (infrarrojas). Esta diferencia es decisiva en la producción del efecto invernadero.

1.1.4 Efecto invernadero natural

El tipo de radiación que emite un cuerpo depende de la temperatura a la que se encuentre. Apoyándose en este hecho físico las observaciones desde satélites de la radiación infrarroja emitida por el planeta indican que la temperatura de la Tierra debería ser de unos 18ºC. A esta temperatura se emiten unos 240 W·m-2, que es justo la cantidad que equilibra la radiación solar absorbida.

La realidad es que la temperatura media de la superficie de la Tierra es de 15ºC, a la que corresponde una emisión de 390 W·m-2. Los 150 W·m-2 de diferencia entre este valor y los 240 W·m-2 realmente emitidos son los que son atrapados por los gases con efecto invernadero y por las nubes. Esta energía es la responsable de los 3ºC de diferencia.

La radiación de un cuerpo a elevadas temperaturas está formada por ondas de frecuencias altas. Este es el caso de la radiación procedente del sol y en una elevada proporción traspasa la atmósfera con facilidad. La energía remitida hacia el exterior, desde la Tierra, al proceder de un cuerpo mucho más frío, está en forma de ondas de frecuencias mas bajas, y es absorbida en parte por los gases con efecto invernadero.

Bajo un cielo claro, alrededor del 60 al 70% del efecto invernadero es producido por el vapor de agua. Después de él son importantes, por este orden, el dióxido de carbono, el metano, ozono y óxidos de nitrógeno. No se citan los gases originados por la actividad humana que no afectan, lógicamente, al efecto invernadero natural.

El papel de las nubes (gotitas de agua suspendidas en la atmósfera) es doble. Por una parte el efecto invernadero es mayor que en un cielo despejado, pero, por otra parte, reflejan la luz que viene del sol. De media, para el conjunto de la Tierra, se calcula que su acción de calentamiento por efecto del aumento invernadero supone unos 30 W·m-2; mientras que su acción de enfriamiento por el reflejo de parte de la radiación es del orden de 50 W·m-2; lo que supone un efecto neto de enfriamiento de unos 20 W·m-2.

1.1.5 Sistema climático

La atmósfera, los océanos, los continentes, las grandes masas de hielo y nieve y los organismos vivientes del planeta Tierra, son los principales componentes del medio ambiente. Todos ellos se encuentran en un estado de permanente interacción a través del intercambio de flujos de materia (flujos de agua líquida o vapor, otros gases y partículas) y energía (radiación electromagnética y calor).

En particular, los procesos físicos y químicos internos de la atmósfera y el conjunto de sus interacciones con los otros componentes del medio ambiente constituyen lo que, en un sentido amplio, se denomina el sistema climático terrestre.

El clima es el estado característico de este sistema, determinado a través de las mediciones de un conjunto de variables atmosféricas tales como: temperatura, presión, velocidad del viento, radiación, etc. Las características de ese estado se expresan mediante valores medios y otros momentos estadísticos superiores de esas variables, obtenidos sobre la base de un período suficientemente prolongado de observaciones no menor a 30 años.

Los cinco grandes componentes del sistema climático son:

Atmósfera (capa gaseosa que envuelve a la Tierra).

Hidrosfera (el agua tanto dulce como salada en estado líquido).

Criosfera (el agua en estado sólido).

Litosfera (el suelo).

Biosfera (los seres vivos que pueblan la Tierra).

Los sistemas presentan con frecuencia un estado de equilibrio y se estructuran a partir de tres elementos básicos:

Entradas o inputs (causas).

Flujos o transferencias de materia y/o energía.

Salidas u outputs (efectos o respuestas).

El sistema climático constituye la expresión de un sistema en equilibrio global, dominado por intercambios energéticos, con diferentes factores en la entrada que intervienen en el control de la parte central y el mosaico de climas del globo como resultante de todo el conjunto.

Entradas o inputs

- Energía radiante del sol (el principal).

- Rotación de la tierra.

- Movimiento orbital.
- Distribución de tierras y mares.
- Topografía terrestre y oceánica.
- Composición de la atmósfera y de los océanos.

Parte central
- Configuración del tiempo y clima.
- Movimientos del aire y reparto del calor.

Salidas u outputs
- Climas del planeta.

Las pérdidas de energía solar incidente por dispersión, reflexión y absorción dependen de las condiciones del cielo, según esté despejado o cubierto.

1. 2 Conceptos Básicos sobre el Cambio Climático

1.2.1 Clima y tiempo atmosférico

El clima es el conjunto de condiciones atmosféricas que caracterizan una región. Puede ser denominado como clima global, clima local o microclima respectivamente, según se refiera al mundo, a una región o a una localidad concreta. En general existe la confusión entre los conceptos de clima y tiempo atmosférico; pero hay que destacar que se refieren a aspectos distintos de la dinámica atmosférica. La diferencia principal está en la escala de tiempo en la que se trabaja.

Cuando la escala de tiempo de los cambios a los que uno se refiere es de días, semanas, meses o unos pocos años se habla de tiempo atmosférico. A partir de una escala de décadas es cuando realmente empieza a hablarse de variaciones climáticas. Pero incluso este periodo de tiempo es demasiado breve para considerar el cambio. Normalmente hasta pasado un siglo no se puede apreciar la tendencia subyacente. El clima es un promedio, a una escala de tiempo dada, del tiempo atmosférico.

Esta frontera entre el tiempo y el clima es un tanto borrosa; no obstante, las variaciones del tiempo están sujetas a patrones regulares de corto plazo, básicamente las variaciones anuales o estaciónales y a patrones caóticos de diferentes frecuencias de variación que son los que hacen que de un año para otro así como de un día para otro el tiempo sea tan cambiante.

El clima presenta también las dos facetas. Tendencias regulares que se empiezan a apreciar a las pocas décadas de realizar mediciones y oscilaciones de tipo caótico que subyacen en el fondo. A más gran escala puede permanecer oculto un patrón regular como los ciclos de Milankovich.

Sobre el clima influyen muchos fenómenos; consecuentemente, cambios en estos fenómenos provocan cambios climáticos.

Un cambio en la emisión del Sol, en la composición de la atmósfera, en la disposición de los continentes, en las corrientes marinas o en la órbita de la Tierra puede modificar la distribución de energía y el balance radiactivo terrestre, alterando así profundamente el clima planetario.

1.2.2 Parámetros climáticos para el estudio del clima local

Para el estudio del clima local se debe analizar los siguientes elementos del tiempo:

Temperatura.

Humedad.

Presión.

Vientos.

Precipitaciones.

Es necesario tener en cuenta una serie de factores que pueden influir sobre estos elementos:

Latitud geográfica.

Altitud del lugar.

Continentalidad, que es la distancia al océano o al mar.

Latitud geográfica

La latitud determina el grado de inclinación de los rayos del Sol y la diferencia de la duración del día y la noche. Cuanto más directamente incide la radiación solar, más calor aporta a la Tierra.

Las variaciones en latitud son causadas, de hecho, por la inclinación del eje de rotación de la Tierra. El ángulo de incidencia de los rayos del Sol no es el mismo en verano que en invierno siendo causa de las diferencias estaciónales. Una mayor inclinación en los rayos solares provoca que estos tengan que atravesar mayor cantidad de atmósfera atenuándose más que si incidieran perpendicularmente. Por otra parte, a mayor inclinación mayor será la componente horizontal de la intensidad de radiación. Mediante sencillos cálculos trigonométricos puede verse que:

I (incidente) = I (total) • cosθ

Altitud

La altitud de una región depende de los pisos térmicos en que se encuentre. A mayor altitud respecto al nivel del mar menor temperatura. Existen 4 pisos térmicos:

Macrotérmico (0 a 1000 metros): su temperatura varía entre los 20° y 29°. presenta una lluviosidad variable.

Mesotérmico (1000 a 3000 metros): presenta una temperatura entre los 10° y 20°, su clima es de montañas.

Micrométrico (3000 a 4700 metros): su temperatura varía entre los 0° y 10°. Presenta un tipo de clima de Páramo.

Gélido (4700 a 5007 metros): su temperatura es de -0° y le corresponde un clima de nieve de alta montaña.

El cálculo aproximado que se realiza, es que al elevarse, cada 180 metros, la temperatura baja 1 grado centígrado.

Continentalidad

La proximidad del mar influye sobre las temperaturas y proporciona más humedad. Las brisas que se originan en las regiones costeras atenúan la temperatura de las diferentes estaciones. Llevando aire cálido cuando es invierno y aire fresco cuando es verano. Así, las zonas próximas a la costa reciben la influencia del mar y tienen temperaturas más suaves. En invierno hace menos frío y en verano menos calor que en el interior. Una alta continentalidad, en cambio, acentúa la amplitud térmica. Provocará inviernos fríos y secos y veranos calurosos y secos.

La continentalidad es el resultado del alto calor específico del agua, que le permite mantenerse a temperaturas más frías en verano y más cálidas en invierno. Lo que es lo mismo que decir que el agua posee una gran inercia térmica. Las masas de agua pues, son el más importante agente moderador del clima.

El clima global requiere el estudio de otro tipo de variables llamados influencias internas y forzamientos externos, los cuales se trataran posteriormente.

El clima es una de las consecuencias de las interacciones y retroacciones que se establecen entre los cinco componentes del sistema climático y responde a un equilibrio en el intercambio de energía, masa y cantidad de movimiento entre ellos.

El clima está gobernado por la radiación de onda corta procedente del Sol. Esta energía es capturada en una parte por la superficie terrestre y, en otra, reflejada hacia el exterior por los componentes atmosféricos o la propia superficie. Para establecer un equilibrio energético, la Tierra debe emitir tanta energía como la que absorbe del Sol. Así, como la atmósfera es prácticamente transparente no absorbe a la radiación solar; sin embargo, la radiación emitida por la superficie terrestre, que es de onda larga, sí es absorbida y emitida a su vez por los componentes atmosféricos.

Este fenómeno, llamado efecto invernadero natural, provoca un calentamiento de la atmósfera en sus capas bajas; y los gases que lo producen se denominan, comúnmente, "gases de efecto invernadero". Gran parte de estos gases (vapor de agua, dióxido de carbono, monóxido de nitrógeno, metano, ozono, óxido nitroso, etc.) son componentes naturales de la atmósfera. Por tanto, el efecto invernadero es un fenómeno natural y gracias a él es posible la vida en la Tierra.

El clima de la Tierra nunca ha sido estático. Como consecuencia de alteraciones en el balance energético, el clima está sometido a variaciones en todas las escalas temporales, desde decenios a miles y millones de años. Entre las variaciones climáticas más destacables que se han producido a lo largo de la historia de la Tierra, figura el ciclo de unos 100.000 años, de períodos glaciares, seguido de períodos interglaciares.

Calentamiento Global Es el incremento de la temperatura media de la atmósfera terrestre y de los océanos en el tiempo. En la actualidad cuando se habla de calentamiento global se refiere al calentamiento observado durante las últimas décadas; pues se afirma que la temperatura se ha elevado desde finales del siglo XIX debido a la actividad humana, principalmente por las emisiones de dióxido de carbono que incrementaron el efecto invernadero. Se prevé que las temperaturas continuarán subiendo en el futuro si continúan las emisiones de gases invernadero. El termino calentamiento global generalmente implica la actividad humana; sin embargo, el termino cambio climático es más neutral, porque se refiere a cualquier cambio en el clima, sin analizar las causas que lo provoca; luego para considerar la influencia humana, suele utilizarse el término cambio climático antropogénico.

El efecto invernadero es el término que hace referencia a la causa que provoca el calentamiento global observado. En primera instancia suele pensarse en la temperatura; pero lo cierto es que el calentamiento puede implicar cambios en otras variables: las lluvias globales y sus patrones, la cobertura de nubes y todos los demás elementos del sistema atmosférico.

1.3 Causas principales del cambio climático

Se llama cambio climático a la variación global del clima de la Tierra. Tales cambios se producen a muy diversas escalas de tiempo y sobre todos los parámetros climáticos: temperatura, precipitaciones, nubosidad, etcétera. Son debidos a causas naturales y, en los últimos siglos, también a la acción del hombre. El término suele usarse, de forma poco apropiada, para hacer referencia tan solo a los cambios climáticos que suceden en el presente, utilizándolo como sinónimo de calentamiento global.

La Convención Marco de las Naciones Unidas sobre el Cambio Climático usa el término cambio climático sólo para referirse al cambio por causas humanas ("Por 'cambio climático' se entiende un cambio de clima atribuido directa o indirectamente a la actividad humana que altera la composición de la atmósfera mundial y que se suma a la variabilidad natural del clima observada durante períodos de tiempo comparables").

El cambio del clima producido por causas naturales lo denomina variabilidad natural del clima. En algunos casos, para referirse al cambio de origen humano se usa también la expresión cambio climático antropogénico. Temperatura en la superficie terrestre. Según qué tipo de factores dominen la variación del clima será sistemática o caótica. En esto depende mucho la escala de tiempo en la que se observe la variación ya que pueden quedar patrones regulares de baja frecuencia ocultos en variaciones caóticas de alta frecuencia y viceversa.

1.3 .1 Variación del sistema climático

El sistema climático varía a causa de dos procesos fundamentales:

Procesos de forzamientos externos; referidos a los cambios en la órbita de la Tierra alrededor del Sol (Teoría de Milankovitch) y a la propia actividad solar. Procesos naturales internos; referidas fundamentalmente a las emisiones volcánicas, así como los gases de efecto invernadero

1.3.2 Forzamientos externos

Para conocer cómo evoluciona el clima a lo largo de los siglos hay que tener en cuenta la influencia de los forzamientos externos, que son capaces de alterarlo drásticamente. Según la importancia de estos factores externos en cada momento el sistema climático será más o menos caótico. Muchos de los forzamientos externos se rigen por sistemas caóticos.

Los forzamientos externos normalmente actúan de forma sistemática sobre el clima, aunque también los hay aleatorios como es el caso de los impactos de meteoritos.

Dentro de los procesos de forzamientos externos o Influencias externas se tienen:

Variaciones solares.

Variaciones orbítales.

Impactos de meteoritos.

Variaciones solares

La temperatura media de la Tierra depende, en gran medida, del flujo de radiación solar que recibe, siendo el motor de los fenómenos atmosféricos, al aportar la energía necesaria a la atmósfera para que estos se produzcan; no obstante este presenta poca variación en el tiempo, por lo que no se considera que tenga una influencia significativa en la variabilidad climática. Puede asumirse que la luminosidad solar se ha mantenido prácticamente constante a lo largo de millones de años.

El análisis de este fenómeno a largo plazo indica que las variaciones han sido considerables, ya que el Sol aumenta su luminosidad a razón de un 10% cada 1 000 millones de años. Ejemplo: hace 3 800 millones de años, tiempo en que se estima el nacimiento de la vida, el brillo del Sol era un 70% del actual.

Actualmente el Sol está en su punto álgido (más brillante) de actividad durante los últimos 60 años, y puede suponerse que este comportamiento esté afectando las temperaturas globales. Willie Soon y Sallie Baliunas del Observatorio de Harvard encontraron una relación directa entre las manchas solares y la temperatura el planeta, de tal manera que cuando ha habido menos manchas solares, la Tierra se ha enfriado y que cuando ha habido más manchas solares, la Tierra se ha calentado.

El papel de las nubes es también crítico. Las nubes tienen efectos contradictorios en el clima. Cualquier persona ha notado que la temperatura cae cuando pasa una nube en un día soleado de verano, que de otro modo sería más caluroso. Es decir: las nubes enfrían la superficie reflejando la luz del Sol de nuevo al espacio. Pero también se sabe que las noches claras de invierno tienden a ser más frías que las noches con el cielo cubierto. Esto se debe a que las nubes también devuelven algo de calor a la superficie de la Tierra. Si el CO_2 cambia la cantidad y distribución de las nubes podría tener efectos complejos y variados en el clima y una mayor evaporación de los océanos contribuiría también a la formación de una mayor cantidad de nubes.

Variaciones orbitales

La órbita terrestre oscila periódicamente, haciendo que la cantidad media de radiación que recibe cada hemisferio fluctúe a lo largo del tiempo, y estas variaciones provocan las pulsaciones glaciares a modo de veranos e inviernos de largo período. Son los llamados períodos glaciales e interglaciales.

Hay tres factores que contribuyen a modificar las características orbitales haciendo que la insolación media en uno y otro hemisferio varíe aunque no lo haga el flujo de radiación global:

Precisión de los equinoccios.

Excentricidad orbital.

Oblicuidad de la órbita o inclinación del eje terrestre.

Impactos de meteoritos

Los impactos de meteoritos constituyen eventos de tipo catastrófico que pueden cambian la faz de la Tierra para siempre, especialmente los impactos de meteoritos de gran tamaño. El último evento de este tipo sucedió hace 65 millones de años. Estos fenómenos pueden provocar un efecto devastador sobre el clima debido a:

Liberación de grandes cantidades de CO_2, polvo y cenizas, debido a la quema de grandes extensiones boscosa, que pueden causar cambios rápidos en la atmósfera.

Intensificación de la actividad volcánica en ciertas regiones. Hay quien relaciona el período de fuertes erupciones en volcanes de la India con el hecho de que este continente se sitúe cerca de las antípodas del cráter de impacto.

Cambios en la actividad geológica del planeta.

Cambios en las características orbitales de la tierra.

La influencia humana sobre el clima en muchos casos se considera forzamiento externo ya que su influencia es más sistemática que caótica pero también es cierto que el homo sapiens pertenece a la propia biosfera terrestre pudiéndose considerar también como internas según el criterio que se use.

1.3.3 Procesos naturales internos

Son los factores no sistemáticos o caóticos que provocan cambios en el clima. Es este grupo se encuentran los factores amplificadores y moderadores que actúan en respuesta a los cambios, introduciendo una variable más al problema; por tanto al clima se le considera un sistema complejo ya que no solo hay que tener en cuenta los factores que actúan sino también las respuestas que dichas modificaciones pueden conllevar.

Dentro de los procesos naturales internos o Influencias internas se tienen:

Deriva continental.

Composición atmosférica.

Corrientes oceánicas.

Campo magnético terrestre.

Efectos antropogénicos.

Retroalimentaciones y factores moderadores.

Influencia antropogénica sobre el clima.

Deforestación.

Detonaciones nucleares atmosféricas.

Deriva continental

Hace 225 millones de años todos los continentes estaban unidos, formando Pangea, y había un océano universal llamado Panthalassa. Esta disposición favoreció el aumento de las corrientes oceánicas y provocó que la diferencia de temperatura entre el Ecuador y el Polo fueran muchísimo menores que en la actualidad.

La tectónica de placas separó los continentes hasta obtenerse la configuración actual. La deriva continental es un proceso sumamente lento, por lo que la posición de los continentes define el comportamiento del clima durante millones de años; no obstante en la definición del clima es necesario tener en cuenta dos aspectos esenciales:

Las latitudes de la masa continental: en las latitudes bajas habrá pocos glaciares continentales y, en general, temperaturas medias menos extremas. Grado de fragmentación de los continentes: los continentes muy fragmentados presentan menos continentalidad.

Composición atmosférica

La atmósfera primitiva poseía una composición muy parecida a la nebulosa inicial; pero perdió sus elementos volátiles H_2 y He, en un proceso llamado desgasificación, siendo sustituidos por los gases procedentes de las emisiones volcánicas del planeta, especialmente CO_2, dando lugar a una atmósfera de segunda generación. En esta atmósfera son importantes los efectos de los gases de invernadero emitidos de forma natural en volcanes y sumideros termales; sin embargo la cantidad de óxidos de azufre y otros aerosoles emitidos por los volcanes contribuyeron a enfriar la Tierra.

Con la aparición de la vida en la Tierra aparece la biosfera en la cual gran cantidad de organismos fotosintéticos capturaron gran parte del abundante CO_2 de la atmósfera primitiva y emitieron gran cantidad de oxígeno. Esto fue modificando la atmósfera lo que propició la aparición de nuevas formas de vida aeróbicas que se aprovechaban de la nueva composición del aire; de esta manera se incremento el consumo de oxígeno y disminuyó el consumo neto de CO_2 llegándose al equilibrio y formándose así la atmósfera de tercera generación actual.

Corrientes oceánicas

Las corrientes oceánicas, o marinas, son un factor regulador del clima que actúa como moderador, suavizando las temperaturas de regiones como Europa. Ejemplo la corriente termohalina que, ayudada por la diferencia de temperaturas y de salinidad, se hunde en el atlántico norte.

Campo magnético terrestre

Las variaciones en el campo magnético terrestre afectan el clima de manera indirecta ya que, según su estado, detiene o no las partículas emitidas por el Sol. Se ha comprobado que en épocas pasadas hubo inversiones de polaridad y grandes variaciones en su intensidad, la cual llega a ser cero en algunos momentos.

En general los polos magnéticos tienden a situarse próximo a los polos geográficos; sin embargo en algunas ocasiones se aproximaron al Ecuador, lo cual influyo en la manera en que el viento solar llegaba a la atmósfera terrestre.

Las variaciones en el campo magnético solar, provoca variaciones en las emisiones de viento solar ya que la interacción de la alta atmósfera terrestre con las partículas provenientes del Sol puede generar reacciones que modifican la composición del aire y de las nubes así como la formación de éstas.

Efectos antropogénicos

Se llama influencia antropogénica a aquellos efectos producidos por las actividades humanas. El hombre es el último de los agentes climáticos de importancia; incorporándose a la lista hace relativamente poco tiempo. Su influencia comenzó con la deforestación de bosques para convertirlos en tierras de cultivo y pastoreo, y ha llegado a la emisión abundante de gases que producen un efecto invernadero: CO_2 en fábricas y medios de transporte y metano en granjas de ganadería intensiva y arrozales. Actualmente tanto las emisiones de gases como la deforestación se han incrementado hasta tal nivel que parece difícil que se reduzcan a corto y medio plazo, por las implicaciones técnicas y económicas de las actividades involucradas.

Los cambios en el clima derivados de la actividad humana son debidos a la intensificación del efecto invernadero natural, al aumentar la concentración atmosférica de los gases radiactivamente activos y provocar lo que se conoce como un forzamiento radiactivo. Cerca del 60% de este forzamiento es debido al CO_2, en tanto que el CH_4 contribuye en un 15%, el N_2O en un 5%, mientras que otros gases y partículas, como el ozono, los HFCs y PFCs, y el SF6, contribuyen con el 20% restante.

Es necesario conocer también la importante relación que existe entre las emisiones y la estabilización de sus concentraciones y el largo período de tiempo necesario para alterar, aunque sea ligeramente, las tendencias. Así, centrando el análisis en el CO_2, el gas con mayor influencia en las causas del cambio climático, se comprueba que una molécula de este gas una vez emitida permanece en la atmósfera alrededor de cuatro años por término medio, antes de ser captada por un reservorio; aunque la Tierra en su conjunto necesita más de cien años para adaptarse a la alteración de sus emisiones y estabilizar de nuevo su concentración atmosférica. Una vez estabilizada la concentración atmosférica de CO_2, la temperatura media mundial en la superficie seguiría aumentando durante algunos siglos y el nivel del mar durante varios siglos o incluso milenios. Por tanto, la estabilización de la concentración de CO_2 en un determinado nivel y período de tiempo no significa que se acaben los cambios en el clima.

Deforestación

Las emisiones humanas aparecen desde las etapas preindustriales con la quema de bosques (CO_2) y el incremento de la ganadería (CH_4). Estas emisiones se dividen en dos grupos que actúan de formas contradictorias:

Gases invernadero: contribuyen al calentamiento global

Aerosoles: contribuyen al oscurecimiento global y a la polución atmosférica.

Detonaciones nucleares atmosféricas

Anomalías térmicas durante el siglo XX. Sobre las variaciones anuales se ha ajustado una media móvil de 5 años.

Durante los años 60 y 70 se produce freno en el calentamiento y posteriormente un descenso paulatino de las temperaturas. Este comportamiento coincide con el momento de máximo apogeo nuclear. En las décadas siguientes la mayoría de pruebas son subterráneas y por lo tanto no tienen contribución alguna al efecto que se trata.

Retroalimentaciones y factores moderadores

Muchos de los cambios climáticos importantes se producen debido a pequeños desencadenantes causados por los factores mencionados anteriormente. Dichos desencadenantes pueden crear un mecanismo de retroalimentación (feedback positivo) el que se refuerza a sí mismo; pero la Tierra puede responder con mecanismos moderadores (feedbacks negativos) o con los dos fenómenos a la vez. El balance de todos los efectos ocasiona algún tipo de cambio impredecible a largo plazo, ya que el sistema climático es un sistema caótico y complejo.

Ejemplo de feedback positivo

El incremento de la masa helada produce el aumento de la reflexión de la radiación directa y, por consiguiente se amplifica el enfriamiento. También el efecto puede actuar a la inversa, amplificando el calentamiento cuando hay una desaparición de masa helada.

La fusión de los casquetes polares crea un efecto de estancamiento por el cual las corrientes oceánicas no pueden cruzar esa región. En el momento en que comienzan a circular las corrientes, las temperaturas se empiezan a homogeneizar, favoreciéndose la fusión completa de todo el casquete y a suavizarse las temperaturas polares, ocasionando en el planeta un mayor calentamiento al reducir el albedo.

Cambio climático respecto a la temperatura

En los últimos 20 000 años el suceso más importante se produce al final de la Edad de Hielo ocurrido (12 000 años) a partir del cual la temperatura se ha permanecido relativamente estable, aunque con varias fluctuaciones como, por ejemplo, el Período de Enfriamiento Medieval o Pequeña Edad del Hielo.

Durante el siglo XX la temperatura se incrementó de 0,4 a 0,8 °C, siguiendo un comportamiento no lineal; debido a la variabilidad natural de esta variable, siendo la más notable de ellas el fenómeno del Niño.

Desde 1979 las temperaturas se incrementaron entre 0,08 y 0,22 °C por década en la troposfera inferior y en 0,15 °C en la superficie terrestre.

En los últimos años del siglo XIX la temperatura promedio de la superficie terrestre ha subido más de 0,6 °C y se estima que aumentará nuevamente entre 1,4 y 5,8 °C para el año 2100, lo que un cambio rápido y profundo de una magnitud mayor en comparación con cualquier otro siglo de los últimos 10 000 años.

El incremento del volumen de gases de efecto invernadero en la atmósfera, sobre todo de dióxido de carbono, metano y óxido nitroso, provocan temperaturas artificialmente elevadas y modifican el clima. Estos gases se producen de forma naturalmente y son fundamentales para la vida en la Tierra; pues impiden que parte del calor solar regrese al espacio, y sin ellos el mundo sería un lugar frío y yermo.

La década de 1990 parece haber sido la más cálida del último milenio, y 1998 el año más caluroso; no obstante la actual tendencia hacia el calentamiento provocará múltiples afectaciones tales como:

Extinción de numerosas especies vegetales y animales, que debilitadas por la contaminación y la pérdida de hábitat, no sobrevivirán los próximos 100 años.

Ocurrencia de eventos climáticos extremos como tormentas, inundaciones y sequías.

Elevación del nivel del mar; previéndose para el año 2100 una subida adicional de 9 a 88 cm. en comparación con los 10 a 20 centímetros durante el siglo XX.

Expansión del volumen del océano producto de la subida de las temperaturas, provocando la fusión de los glaciares y casquetes polares, la invasión de los litorales de piases fuertemente poblados como Bangladesh y la desaparición total de algunas naciones como el Estado insular de las Malvinas.

Contaminación de las reservas de agua dulce de miles de millones de personas y provocar migraciones en masa.

Disminución de los rendimientos agrícolas en la mayor parte de las regiones tropicales y subtropicales; así como en las zonas templadas si la subida de la temperatura es de más de unos grados.

Incremento del proceso de desertificación de zonas continentales interiores, por ejemplo el Asia central, el Sahel africano y las Grandes Llanuras de los Estados Unidos.

Afectación en el aprovechamiento de la tierra y el suministro de alimentos.

Ampliación de la zona de distribución de enfermedades como el paludismo.

El calentamiento atmosférico es un problema moderno y complicado, que afecta a todo el mundo y se relaciona de forma directa la pobreza, el desarrollo económico y el crecimiento demográfico.

1.3.4 Gases invernadero

Los gases de efecto invernadero toman su nombre del hecho de que no dejan salir al espacio la energía que emite la Tierra, en forma de radiación infrarroja, cuando se calienta con la radiación procedente del Sol; siendo el mismo efecto que producen los vidrios de un invernadero de jardinería.

El efecto invernadero natural suaviza el clima de la Tierra. Sin este efecto invernadero natural las temperaturas descenderían 30 °C, provocando la congelación de los océanos, haciéndose imposible la vida, tal como la conocemos. Para que este efecto se produzca, son necesarios estos gases de efecto invernadero, pero en proporciones adecuadas; sin embargo, la elevación de esa proporción producirá un aumento de la temperatura debido al calor atrapado en la baja atmósfera.

Los incrementos de CO_2 medidos desde 1958 en Mauna Loa muestran una concentración que se incrementa a una tasa de cerca de 1.5 ppm por año. El 21 de marzo del 2004 se informó de que la concentración alcanzó 376 ppm.

1.4 Impactos del cambio climático

Estudios realizados sobre este tema reflejan las afectaciones provocadas sobre los bosques, zonas de cultivo, cuencas hidrológicas, zonas urbanas y costeras.

1.4.1 Desaparición de bosques

Los bosques de coníferas y encinos se verían afectados negativamente, debido a una reducción de los climas templados y semicálidos donde se distribuyen básicamente los bosques de coníferas y encinos; pues se volvería más extremo.

Los bosques tropicales lluviosos se verían favorecidos como consecuencia de un aumento de las regiones de clima cálido, en caso de un incremento en la temperatura de 2 grados celcius y un descenso de 10% en la precipitación.

1.4.2 Pérdida de cosechas

Las alteraciones que provoca el cambio del clima sobre la flora son graves en relación con la producción de alimentos, principalmente cuando la agricultura es de temporal.

1.4.3 Crisis de agua

Las alteraciones en los esquemas de precipitación son uno de los fenómenos más visibles y dramáticos del cambio climático. Una reducción del volumen de agua en cuencas demasiado explotadas puede convertirse en una catástrofe, principalmente en áreas densamente pobladas, provocando una alta vulnerabilidad en la población a consecuencia del efecto combinado del aumento de la temperatura, la reducción de la precipitación y/o el incremento de la evaporación.

1.4.4 Invasión del mar

El aumento del nivel del mar debido al calentamiento global impactaría las zonas más vulnerables como las lagunas costeras, los pantanos y otras áreas importantes entre las que se encuentran los pastizales y tierras agrícolas, los cuales se contaminan con la intrusión salina y son remplazados por ambientes costeros.

La elevación del mar por el cambio climático no sólo alteraría radicalmente sistemas de gran productividad biológica como las lagunas costeras, sino que también provocaría un impacto irreversible sobre la rica biodiversidad de zonas de pantanos.

1.4.5 Efectos en ciudades

Como la mayor parte de la población mundial se concentra en las ciudades, las consecuencias del cambio climático en la vida urbana pudieran provocar: Desabasto de agua por la reducción de las precipitaciones y por la disminución en la recarga de los mantos acuíferos.

Inundaciones ocasionadas por precipitaciones extremas.

Afectación de la calidad del aire debido al aumento de las concentraciones de ozono en la atmósfera de las ciudades, provocando daños sobre la salud de la población y la destrucción de los bosques cercanos.

CONCLUSIONES:

El sistema climático terrestre está conformado por los procesos físicos y químicos internos de la atmósfera en constante interacción con los océanos, los continentes, las grandes masas de hielo y los organismos vivos de la tierra que son los principales componentes del medio ambiente.

El estudio del clima local se sustenta en el análisis de las diferentes variables climáticas como la temperatura, humedad, presión de los vientos y precipitaciones, teniendo en cuenta los factores de latitud, altitud y continentalidad que ejercen influencias sobre estas.

El efecto invernadero natural de la tierra es producido fundamentalmente por el vapor de agua presente en las nubes y los gases de efecto invernadero que conforman la atmósfera de la tierra; sin embargo la actividad antrópica se ha convertido en el principal factor contaminante del ambiente terrestre por la magnitud e intensidad de estos tipos de gases que se producen y se incorporan a la atmósfera, como consecuencia de la actividades desarrolladas por el hombre.

Bibliografía:

Calder, N., (2000): The carbon dioxide thermometer and the cause of global warming. Disponible en: .

Calentamiento global. (2004): la enciclopedia libre calentamiento global. Disponible en: http://es.wikipedia.org/wiki/Calentamiento_global.

Cambio climático. . (2004): la enciclopedia libre cambio climático. Disponible en: http://es.wikipedia.org/wiki/Cambio_clim%C3%A1tico.

Clima. Disponible en: http://es.wikipedia.org/wiki/Clima.

Daly, J. L. (2002): El Niño and global temperature. Disponible en: http://www.john-daly.com/soi-temp.htm.

Deforestación. (2004): la enciclopedia libre deforestación. Disponible en: http://es.wikipedia.org/wiki/Deforestaci%C3%B3n.

Desastre natural. (2004): la enciclopedia libre desastre natural. Disponible en: http://es.wikipedia.org/wiki/Desastre_natural.

Gas de efecto invernadero. (2004): la enciclopedia libre gas de efecto invernadero. http://es.wikipedia.org/wiki/Gas_de_efecto_invernadero

Autor:
Ing. Yurisbel Gallardo Ballat 1,

Dr. Oscar Brown Manrique 2,

1. Profesor de la Universidad de Ciego de Ávila (Cuba).

Edad: 24años

Estudios realizados: Graduado de Ingeniero hidráulico en el 2006 EN LA universidad De Santiago de Cuba. Mis trabajos científicos se han desarrollados en el campo de los procesos de sequías.

2. Profesor de la Universidad De Ciego de Ávila.

Leer más:

Manuel Estrada Porrúa

Cada vez resulta más evidente que las emisiones de gases de invernadero generadas por el hombre están afectando el clima del planeta. Durante el último siglo se registraron incrementos en la temperatura global que no son explicables en su totalidad por causas naturales, trayendo consigo cambios que van desde el aumento del nivel del mar hasta alteraciones en el comportamiento de los animales, y se espera un mayor calentamiento y modificaciones aún más importantes en el futuro. La solución al problema y sus consecuencias deben involucrar a todos los países, tomando en cuenta sus diferentes condiciones y capacidades.

Lo que se espera

Como consecuencia del incremento de los niveles de concentración atmosférica de CO_2 y otros gases de invernadero, se espera que la temperatura media superficial a nivel global aumente entre 1.4 y 5.8° C de 1990 al 2100. Dicho incremento en la temperatura no sólo es entre dos y 10 veces superior al observado en los últimos 100 años (0.6° C), sino que, además, no tiene precedente en los mil años anteriores y se pronostica que ocurrirá a un ritmo significativamente más rápido que los cambios observados en los últimos 10 mil años.

Se espera que las modificaciones previstas en la temperatura varíen de manera regional, y que las latitudes mayores se calienten mucho más que el promedio global. Es probable, también, que en el futuro aumente la frecuencia del fenómeno de El Niño, ocasionando una mayor incidencia de inundaciones sequías en gran cantidad de lugares de los trópicos y subtrópicos.

Por otra parte, la expansión térmica de los océanos y el decrecimiento de los glaciares podría hacer que el nivel del mar aumentara entre 8 y 88 cm en el periodo de 1990 al 2100, trayendo consecuencias graves para países como Bangladesh y las pequeñas naciones insulares (figura 1).

Al calentarse el clima, la evaporación podría incrementarse, y se podría ver un aumento en la precipitación media global y en la frecuencia de lluvias intensas. Sin embargo, mientras que algunas áreas podrían experimentar mayores precipitaciones, otras tendrían una reducción de las mismas. En general, se espera que las lluvias aumenten en altas latitudes tanto en verano como en invierno, que las latitudes medias (África tropical y la Antártica) tengan incrementos en invierno y que el sur y este de Asia los experimente en verano. Por su parte, Australia, América Central y el sur de África tendrían reducciones en la precipitación durante el invierno.

http://www.inegi.org.mx/inegi/contenidos/espanol/prensa/contenidos/articulos/ambientales/climatico.pdf

CONCLUSIÓN

Los gobiernos a nivel mundial han reaccionado a ésta amenaza cada vez más cercana. Algo hay en claro, y es que estos problemas son imposibles de solucionar si no hay una conciencia mundial del peligro que corremos.

El cambio climático ha dejado muy clara la globalización de los problemas ambientales.

No es sano dejar la búsqueda de soluciones para el futuro o para cuando se hagan fuertemente necesarias. La atmósfera y los procesos que mantienen sus características no tienen tiempos de reacción muy rápidos comparando con los períodos humanos.

Soluciones a los problemas del adelgazamiento de la Capa de Ozono, al Calentamiento Global, a las alteraciones climáticas devastadoras, no son cuestión de años ni de décadas. Es una preocupación que debe ser tratada de inmediato; no se puede esperar a que los daños sean notables, porque en ese caso ya será tarde para buscar soluciones.

Tenemos que empezar a actuar, desde nosotros mismos, en nuestra vida cotidiana, poner nuestro granito de arena y construir un futuro mejor, o por lo menos en el que se pueda vivir sanamente y sin peligros. No es demasiado tarde aún.

"A la naturaleza se la domina obedeciéndola"

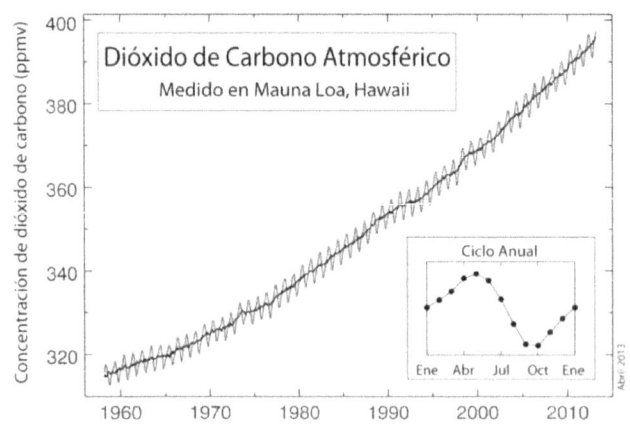

El principal cambio climático a la fecha ha sido en la atmósfera, hemos cambiado y continuamos cambiando, el balance de gases que forman la atmósfera. Esto es especialmente notorio en gases invernadero claves como el CO_2, Metano (CH_4) y óxido nitroso (N_2O). Estos gases naturales son menos de una décima de un 1% del total de gases de la atmósfera, pero son vitales pues actúan como una "frazada" alrededor de la Tierra. Sin esta capa la temperatura mundial sería 30°C más baja.

El problema es que estamos haciendo que esta "frazada" sea más gruesa. Esto a través de la quema de carbón, petróleo y gas natural que liberan grandes cantidades de CO_2 a la atmósfera. Cuando talamos bosques y quemamos madera, reducimos la absorción de CO_2 realizado por los árboles y conjuntamente liberamos el dióxido de carbono contenido en la madera. El criar bovinos y plantar arroz genera metano, óxidos nitrosos y otros gases invernadero. Si el crecimiento de la emisión de gases invernadero se mantiene en el ritmo actual los niveles en la atmósfera llegarán a duplicarse, comparados con la época preindustrial, durante el siglo XXI. Si no se toman medidas es posible hasta triplicar la cantidad antes del año 2100 (GCCIP, 1997).

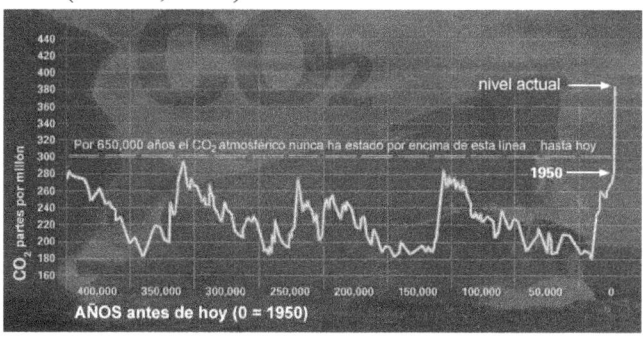

El consenso científico como resultado de esto, es que seguramente habrá un aumento global de la temperatura entre 1.5 y 4.5°C en los próximos 100 años. Esto agregado al ya existente aumento de 0.5°C que ha experimentado la atmósfera desde la revolución industrial (UNEP/WHO, 1986). Poder predecir cómo esto afectará al clima global, es una tarea muy difícil. El aumento de temperatura tendrá efectos expansivos. Efectos inciertos se agregan a otros inciertos. Por ejemplo, los patrones de lluvia y viento, que han prevalecido por cientos y miles de años, de las que dependen millones, podrían cambiar. El nivel del mar podría subir y amenazar islas y áreas costeras bajas. En un mundo crecientemente sobrepoblado y bajo estrés, con suficientes problemas de antemano, estas presiones causarán directamente mayor hambruna y otras catástrofes (UNEP/WMO, 1994).

Según la Organización Mundial de la Salud (WHO), aun un pequeño aumento de temperatura puede causar un aumento dramático de muertes debido a eventos de temperaturas extremas; el esparcimiento de enfermedades tales como la malaria, dengue y cólera; sequías, falta de agua y alimentos. La IPCC lo plantea así: "El cambio climático con certeza conllevará una significativa pérdida de vidas" (Dunn, 1997). La cantidad de dióxido de carbono ha aumentado desde 295 ppm anterior a la época industrial, a una cifra actual de 359 ppm. Este aumento corresponde a un 50% de lo esperado, basado en la tasa de quema de combustibles fósiles. Varios procesos naturales parecen actuar como moderadores, por ejemplo el océano actúa como reserva, donde el dióxido de carbono se disuelve como tal y como carbonatos y bicarbonatos. Un aumento del dióxido de carbono en el aire, actúa como estimulante del crecimiento vegetal, de esta manera se fija más de este gas. El calentamiento de la Tierra, además de descongelar las capas polares, puede causar un cambio en el sistema de circulación del aire, cambiando patrones de lluvia. De esta manera, por ejemplo, el Medio-Oeste norteamericano (fuente agrícola de Estados Unidos), podría transformarse en desierto, y las zonas de cultivo moverse hacia áreas de Canadá.

Impacto del Calentamiento Global y el Cambio Climático

A pesar de grupos de personas, de alguna manera interesadas en que no se haga nada contra el cambio climático resultado del calentamiento global, niegan la existencia del fenómeno (hay personas que aún niegan que la Tierra es redonda o que existe evolución natural), la evidencia es abrumadora, los efectos son visibles hoy en día en muchos aspectos de la vida, la naturaleza, la geósfera, en la Tierra en general (ver evidencias). A continuación se enumeran algunos de los impactos que se predicen del calentamiento global de dos a tres grados Celsius, esto sucederá si se logra controlar las emisiones pronto y los niveles de gases de efecto invernadero no suban a más del doble del nivel previo a la Revolución Industrial. Nadie puede asegurar que todo lo enumerado sucederá, pero los expertos en temas del clima están de acuerdo que hay más certeza que sucederán que lo contrario. Habrá áreas menos afectadas que el promedio y otras que sentirán los efectos de manera más acentuada y violenta. Ya en la actualidad muchos de los cambios enumerados a continuación se están observando en la práctica. Los lugares continuarán haciéndose más cálidos, en especial en la noche y los inviernos. Esto afectará de manera positiva y negativa a ciertas áreas, por ejemplo en términos de turismo (ie. zonas de ski). En algunos lugares esto mejorará la salud y la agricultura, pero en general afectará de manera negativa la producción agrícola (aumento de precios de la comida también) y la mortalidad aumentará por las olas extremas de calor, sequías y otros efectos secundarios.

El nivel del mar seguirá aumentando por muchos siglos. La última vez que la Tierra estuvo a 3°C por encima del temperatura promedio del momento, el mar estaba por lo menos 6 metros más alto que el nivel actual. Si el aumento es lento y gradual los cambios no serán tan catastróficos como un aumento acelerado, no hay forma de saber cómo será la velocidad de cambio.

Los patrones del clima seguirán cambiando con un ciclo del agua más intenso con sequías e inundaciones más pronunciadas. Las zonas secas se harán más secas y las húmedas más húmedas. Los eventos extremos del clima serán más comunes y más intensos. Esto afectará la disponibilidad de agua potable en muchas zonas del mundo. Los efectos de este cambio ya se están viendo en la actualidad.

Los ecosistemas estarán bajo estrés, aunque la agricultura y manejo de bosques puedan beneficiarse inicialmente, incontables especies, especialmente en áreas polares, montañas y trópicos tendrán que cambiar sus rangos de distribución, los que no puedan hacerlo se extinguirán. Pestes y enfermedades de los trópicos avanzarán hacia el norte y sur y llegarán a las zonas que se han entibiado. Esto ya se está observando en la actualidad.

El aumento del nivel de CO_2 afectará los sistemas biológicos de manera independiente al cambio climático. Algunos cultivos se verán beneficiados, tal cual lo serán ciertas malezas, si estos cambios en la ecuación final serán beneficioso o no, no hay forma de saberlo de antemano. Los océanos se harán más ácidos lo que pondrá en riesgo la existencia de arrecifes de coral y seguramente dañará la industria pesquera y las otras especies marinas existentes.

Habrá efectos significativos y no previstos, en su mayoría serán negativos pues el sistema humano y natural está bien adaptado a las condiciones actuales del clima.

Un poco de consolación se puede buscar en el hecho que el clima y los ecosistemas son complejos y que en la actualidad sólo se conocen y entienden de manera parcial, hay, por lo tanto, posibilidades que el impacto no sea tan malo como se predice, aunque, por el otro lado, de la misma manera existe la posibilidad que los efectos que vivamos sean mucho peores de lo que se predice en este momento.

Si los niveles de CO2 aumentan a más del doble de los niveles pre-industriales, con el aumento de los otros gases de invernadero (algo que sucederá si no se toman pronto acciones fuertes en el tema), los resultados del cambio climático serán mucho peores.

Podremos llegar a una situación en la que aunque controlemos las emisiones, procesos de retroalimentación naturales puedan seguir aumentando los gases hasta niveles que la Tierra no ha experimentado en decenas de millones de años, con niveles del mar muchas decenas de metros por encima del actual y con condiciones planetarias grotescamente lejanas a las que la especie humana se ha adaptado. Esperemos no llegar a eso, porque las consecuencias para la humanidad podrían incluir la palabra "extinción". El calentamiento global ya no es una suposición, es lo más cercano a un hecho que se puede encontrar en la ciencia, como plantean algunos, tan "hecho" como la gravedad terrestres y sus efectos. Por otro lado, es también casi seguro que se trata principalmente de un cambio causado por el aumento del dióxido de carbono en la atmósfera. Las concentraciones de dióxido de carbono en la atmósfera actual son las más altas que se han medido en 600,000 años.

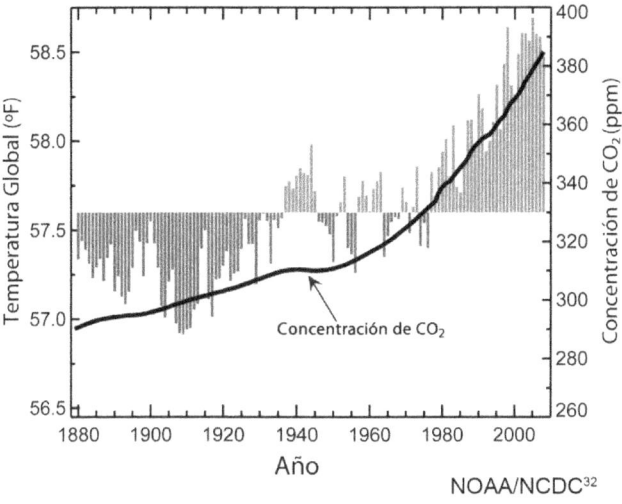

Concentraciones de CO vs. Temperaturas (1880-2009)

NOAA/NCDC[32]

Pequeños cambios en las concentraciones de gases de efecto invernadero causan cambios climáticos, es lo que se ha podido constatar en los registros y estudios climáticos en la historia y eso a pesar de que la cantidad que compone a los gases de efecto invernadero, donde el CO2 es el principal, es de menos de un 1% del total atmosférico.

La evidencia no es de un estudio, no es siquiera de estudios de una misma área, son estudios independientes utilizando métodos que son muy diferentes unos de otros y los resultados son muy similares. Por ejemplo se ha utilizado el método de anillos de crecimiento, análisis de gases retenidos en núcleos de hielo de Groenlandia y la Antartida que guardan burbujas de la atmósfera terrestre de hasta 300000 años en el pasado. Estudios realizados por la Met Office, el Servicio Nacional de Clima del Reino Unido con el modelo climático HadCRUT3, de la NOAA, la Administración Nacional Atmosférica y Oceánica de EE.UU. y de la NASA GISS (NASA Instituto Goddard de Estudios Espaciales), son mayormente independientes y son los que se han utilizado para derivar los principales estimados de las tendencias globales de temperatura.

Las conclusiones de la IPCC (Grupo Intergubernamental de Expertos sobre el Cambio Climático) de que el "calentamiento del sistema climático es inequívoco" no se basa solamente en datos de temperaturas LSAT (Temperaturas de Tierra Superficie y Aire) pues es sólo una línea de evidencia entre muchas, por ejemplo:

La absorción de calor de los mares

El derretimiento de los hielos terrestres como glaciares

El aumento del nivel del mar

El aumento de la humedad atmosférica superficial

Si los datos de temperaturas terrestres estuviesen sistemáticamente erradas y no hubiese calentamiento global, como postulan los que se empecinan en negarlo, sería imposible explicar los cambios en paralelo en este amplio rango de indicadores generado por tantos grupos y fuentes independientes. El hecho que se observen cambios en un amplio rango de indicadores sostienen los postulados de un mundo que se está calentando.

11 Indicadores de Calentamiento Global

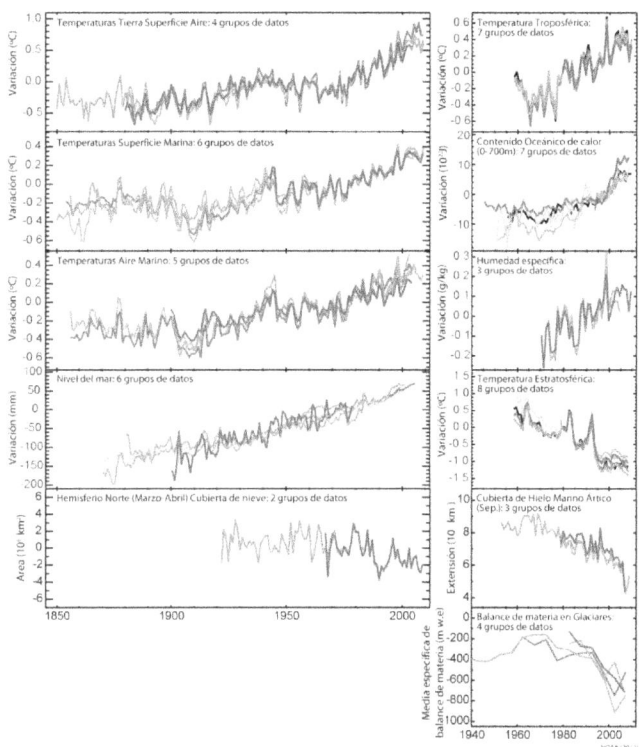

Proyecciones de Calentamiento Global

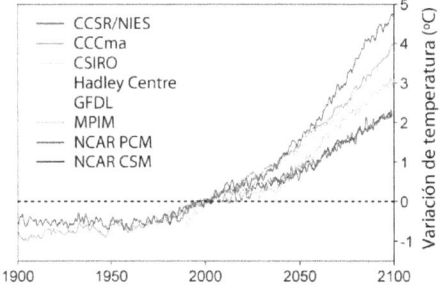

En el año 2002 la Academia Nacional de Ciencias de EE.UU. en su reporte al Presidente George W. Bush (que ya sabemos quería la historia contraria), apoya fuertemente la evidencia de un aumento de la temperatura promedio global en el siglo XX.

Un estudio del grupo Berkeley de Temperatura Superficial Terrestre publicado en 2011 encontró que la temperatura superficial terrestre ha aumentado en 0,911°C en los últimos 50 años y apoya los datos del estudio de la NOAA, el Hadley Center y la NASA GISS. El estudio echa por tierra también las críticas de los escépticos con respecto al efecto de isla de calor urbano, la supuesta mala calidad de las estaciones de medición y el tema de la parcialidad en selección de datos y concluyeron que no fueron problema en los resultados que dieron estudios anteriores.

Como conclusión, la evidencia y los estudios de calentamiento global no está limitado a un grupo de datos de una entidad o científico, son decenas de estudios, grupos de datos, métodos variados de estudios y diferentes enfoques y áreas de revisión (hielos, temperaturas, humedad, crecimiento arbóreo, etc.), donde la disputa más reciente era en torno a las islas de calor y sólo el tema de temperaturas Tierra Superficie Aire (LSAT), que de hecho también han sido corroboradas por fuentes independientes. Quien ante tales pruebas y datos abrumadores insista sobre que no existe calentamiento global, sólo podrá hacerlo en base a argumentos ilógicos, fuera de la ciencia o ignorancia absoluta, pero sobre ese tipo de bases no se toman decisiones en este mundo moderno.

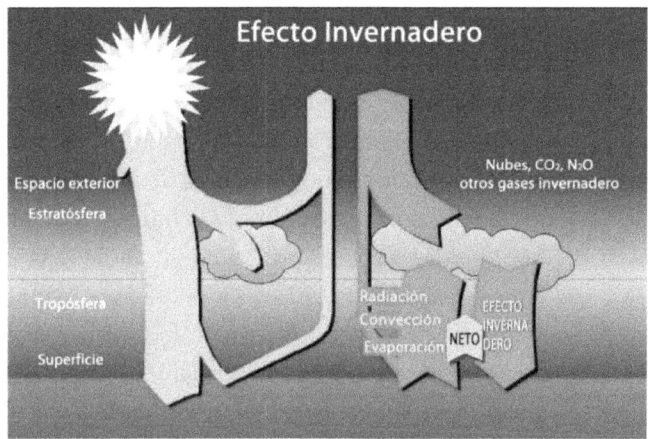

Si no reducimos rápida y drásticamente las emisiones de gases efecto invernadero en todo el mundo los impactos del cambio climático serán realmente graves. Las emisiones de este tipo de gases han aumentado mucho desde la época preindustrial por el modelo energético global basado en la quema de combustibles fósiles.

Los impactos del cambio climático ya son perceptibles, y quedan puestos en evidencia por datos como:

El aumento de la temperatura global de 0,85 °C, el mayor de la historia de la humanidad.

La subida del nivel del mar.

El progresivo deshielo de las masas glaciares, como el Ártico.

Pero hoy también podemos ver los impactos económicos y sociales, que serán cada vez más graves, como:

Daños en las cosechas y en la producción alimentaria.

Las sequías.

Los riesgos en la salud.

Los fenómenos meteorológicos extremos, como tormentas y huracanes.

Y es que el 97% de los científicos está de acuerdo en que el cambio climático está sucediendo ya, y que está generado por los gases de efecto invernadero emitidos por el ser humano. ¿Y cuál es el mayor responsable del conjunto de esas emisiones nocivas? El sector energético, debido a su uso de energías sucias (petróleo, carbón y gas). Unas 90 empresas son responsables de casi las dos terceras partes de las emisiones mundiales.

Los expertos marcan el aumento de 2 ºC de temperatura como el umbral que no debemos alcanzar si no queremos vivir los peores impactos del cambio climático. Sin embargo, en los peores escenarios probables que los expertos reflejan, el aumento de temperatura podría llegar a los 4,8 ºC para final siglo. Además, las inversiones para la adaptación al aumento de la temperaura serán mucho más elevadas cuanto más tardemos en actuar. Según el Banco Mundial, las pérdidas por los desastres naturales alcanzan los 3,8 billones de dólares desde 1980.

España está entre los países más incumplidores del Protocolo de Kioto, lo que nos ha llevado a gastar de 800 millones de euros en la compra de derechos de emisión. Por si eso fuera poco, la última reforma del sector eléctrico frena las energías renovables, penaliza el autoconsumo energético, y fomenta energías sucias, como la extracción de petróleo y el fracking (un sistema altamente contaminante que permite extraer gas o petróleo fracturando el subsuelo).

¿Qué soluciones hay?

La solución es una revolución energética que transforme el sistema hacia las energías renovables, la eficiencia energética y la inteligencia. El desarrollo de estas energías será una fuente de empleo y reducirá los costes de la electricidad.

Tenemos también la responsabilidad de exigir a los gobiernos que asuman políticas climáticas y energéticas que nos mantengan lejos del aumento de la temperatura de 2ºC. Debemos exigir a las grandes empresas emisoras de gases de efecto invernadero responsabilidad. Y debemos exigir a los gobiernos que aprueben un marco jurídico para que los inversores desarrollen energías renovables con seguridad, que acabe con las emisiones de gases de efecto invernadero para 2050 y que regule el lobby de las empresas causantes del cambio climático. Sobre todo, que no sean estas las que deciden las políticas climáticas y energéticas.

Con la Hidroeléctrica Marítima se puede lograr. Para lograrlo trabajo:

Por un lado, para poner fin al uso de las energías sucias y reducir las emisiones de gases de efecto invernadero.

Por otro, para impulsar las energías renovables, la eficiencia energética o los acuerdos alineados con las recomendaciones científicas, así como para demostrar que sustituir completamente las energías sucias por limpias es totalmente viable.

Mi objetivo es que en la Cumbre Climática de París 2015 se apruebe un nuevo pacto climático mundial, y que se haga efectivo el compromiso de reducir las emisiones en un 85-100% para 2016.

La hidroeléctrica Marítima puede tomar el compromiso de eliminar el 100% del consumo de fósiles en la producción de electricidad en:

Albania

Alemania

Angola

Antigua y Barbuda

Arabia Saudita

Argelia

Argentina

Australia

Bahamas

Bangladés

Barbados

Baréin

Bélgica

Belice

Benín

Birmania

Bosnia y Herzegovina

Brasil

Brunéi

Bulgaria

Cabo Verde

Camboya

Camerún

Canadá

Catar

Chile

China

Chipre

Colombia

Comoras

Corea del Norte

Corea del Sur

Costa de Marfil

Costa Rica

Croacia

Cuba

Dinamarca

Dominica

Ecuador

Egipto

El Salvador

Emiratos Árabes Unidos

Eritrea

Eslovenia

España

Estados Unidos

Estonia

Filipinas

Finlandia

Fiyi

Francia

Gabón

Gambia

Georgia

Ghana

Granada

Grecia

Guatemala

Guayana

Guinea

Guinea ecuatorial

Guinea-Bisáu

Haití

Honduras

Hong Kong

India
Indonesia
Irak
Irán
Irlanda
Islandia
Islas Salomón
Israel
Italia
Jamaica
Japón
Jordania
Kenia
Kiribati
Kuwait
Letonia
Líbano
Liberia
Libia
Lituania
Madagascar
Malasia
Maldivas
Malta
Marruecos
Mauricio
Mauritania
México
Micronesia
Montenegro
Mozambique
Namibia
Nauru
Nicaragua

Nigeria
Noruega
Nueva Zelanda
Omán
Países Bajos
Pakistán
Panamá
Papúa Nueva Guinea
Perú
Polonia
Portugal
Reino Unido
República del Congo
República Democrática del Congo
República Dominicana
Sudafrica
Rumanía
Rusia
Sáhara Occidental
Samoa
San Cristóbal y Nieves
San Vicente y las Granadinas
Santa Lucía
Santo Tomé y Príncipe
Senegal
Seychelles
Sierra Leona
Singapur
Siria
Somalia
Sri Lanka
Sudán
Suecia
Surinam

Tailandia

Taiwan

Tanzania

Timor Oriental

Togo

Tonga

Trinidad y Tobago

Túnez

Turquía

Ucrania

Uruguay

Vanuatu

Venezuela

Vietnam

Yemen

Yibuti

Por mi parte ya han sido comunicados 59 embajadas y consulados que se encuentran en Uruguay, otra cosa es que esos mismos embajadores y cónsules comuniquen a sus respectivos ministros de energía el proyecto enviado.

Estimado/a Embajador Dr. Heinz Peters:

Me presento a usted con el fin de que puedan ser de enlace entre mi proyecto y su gobierno, puesto que mis posibilidades de ir a Alemania son insuficientes.

El cambio climático no se detiene y todo el Mundo está solicitando un sistema de generar electricidad barata, eficaz e inagotable.

Mi sistema cumple con todas las perspectivas, pero mi situación de pensionista me limita.

Si tendría una primera Nación que me contratara mi sistema, eso daría un cambio y en ese momento si podría hablar con todos los gobiernos.

Otra de las cosas que me limita es mi falta de conocimientos del protocolo de presentar mi proyecto a las Naciones o en su defecto para darlo a conocer masivamente darlo a conocer a la ONU, pero no conozco a nadie para poder hablar sobre mi sistema.

No le voy a decir que soy el salvador del Mundo, ni mucho menos, pero sí creo que mi sistema puede eliminar el consumo de fósiles en la creación de energía eléctrica en cuestión de máximo un año. Alemania podría tener un ahorro de petróleo muy fuerte y una electricidad barata.

Si Alemania fuera la primera Nación que me contratara mi sistema; después de hacer los cálculos pertinentes podría ajustar los precios del MWh a 8€

Los datos se quedarían de esta forma:

Datos reducción consumo fósiles			
Potencia Turbina	180	N° Turbinas	2.617
Energía entregada anual	4.126.485.600	Energía Entregada Mes	343.873.800
Potencia entregar sin consumo fósiles			
Potencia Turbina Mes	131.400	Porcentaje Entregado	100,01%
Potencia entregada	343.873.800	Producción Fósiles	343.855.200
Inversión total eliminación de fósiles			
Inversión Turbinas	6.551.500.000	25%	2.289.875.000
Inversión Obra fija	9.159.500.000	50%	4.579.750.000
Total Inversión	15.711.000.000	25%	2.289.875.000
		Obra Fija	9.159.500.000

Si no consigo esa ayuda por parte de ustedes los Embajadores y Cónsules que se encuentran en Uruguay, mi sistema morirá en el anonimato y nuestros descendientes verán un planeta sembrado de molinos de aire y cristales de colores.

No estoy en contra de esas energías, pero no son suficientes, no son ilimitadas y no son eficaces, puesto que dependemos del viento y del sol; no todos los días tenemos la materia prima las 24 horas, pero la mar siempre la tendremos y mi sistema se coloca a unos pocos metros de la orilla del mar si es necesario y el terreno nos lo permite, pero, si no es permitido, se puede colocar más en tierra firme. El caudal forzado se puede alargar; tendríamos que bajar más las máquinas en ese caso, pero se tendría electricidad las 8.760 horas del año.

No entretengo más con estos datos.

¡Perdone por mi atrevimiento y gracias por la atención que me están dando!

Atte. y con todos mis respetos

Manuel Falque Armada

Cel. 094 390 321 / 097 431 616

Una de las respuestas:

AW: Hidroeléctrica Marítima

.MONTE VW-S1 Palermo, Luciana [vw-s1@monte.auswaertiges-amt.de]

Lunes 09/02/2015 10:45

camural@ahkurug.com.uy

Muy estimado Sr. Falque Armada,

Agradeciendo su correo del pasado jueves 5 de febrero del corriente le comunico que por la mediante hacemos partícipe a la Cámara de Industria y Comercio uruguayo alemana en Montevideo para que conozca su proyecto e inquietudes.

Seguramente la Cámara pueda contactarse con Usted a fines de acercase un poco más a su proyecto y así brindarle la información pertinente. Lamento que nosotros, de la Embajada, no podamos colaborar más al respecto, sin embargo le deseamos todo lo mejor y mucho éxito con su emprendimiento!

Le saluda atentamente,

Luciana Palermo

Deutsche Botschaft

Embajada de Alemania

La Cumparsita 1435

Montevideo

Tel.: 2902 5222

E-Mail: vw-s1@monte.diplo.de

Embajador Dr. Heinz Peters

Alemania

La Cumparsita 1435

mailto:info@montevideo.diplo.de?subject=Hidroeléctrica Marítima

29025222

Palermo